JN268993

日本の環境保護運動

長谷 敏夫

東信堂

本書の出版は東京国際大学学術図書出版補助費による

まえがき

　本書は1970年代から現在に至るまでの期間に日本に起こった環境保護運動を述べるものである。すなわち環境問題に対して日本に住む人々がいかなる対応をしてきたのかを見ようとするものである。

　日本では1960年代後半より公害が深刻化し、人の健康、生命に重大な影響を及ぼし始めた。公害とは、人の生活を脅かす大気、水、土壌の汚染、騒音、振動、地盤沈下を意味する。また歴史的環境や自然景観の破壊、ダム建設、干潟埋立、電磁波、薬害、食品添加物、遺伝子操作食品の流通を公害とみなす。その社会的反応として一部の住民が問題解決のために立ち上がり、活動を始めた。これを環境保護運動と本書では呼ぶ。ここでいう環境保護運動とは公害の被害者が団結し、加害企業や政府に働き掛けて対策を求めること、有志が自然を守るために開発中止を求めること、また環境に負荷をあたえない消費生活の実現を求めて活動することなどを含む。活動の主体は、住民運動とも呼ばれ、企業や政府と敵対することが多かった。また市民運動という言葉も使われる。最近は非政府組織(NGO)と呼ばれたり、運動体に法人格をあたえるための法律用語から非営利団体(NPO)と呼ばれる場合もある。本書では、環境保護運動という言葉を使う。

　第1部では、全体的視野から環境保護運動を観察する。第1章は1980年に書いた論文を掲げた。この論文はイースト・アングリア大学(英国)のオリオルダン教授より「日本の環境保護運動」を書くよう要請されたことによる。

第2章はOECDによる日本の環境政策レビュー「日本の経験」の評論である。住民運動に関する記述を中心に批評した。

　第2部では、京都盆地で起こった数々の環境保護運動を中心に述べる。京都市は人口150万の歴史的都市であり、独特の政治風土を形成してきた。そこでは数々の運動が生起してきた。筆者はここに生まれ生活してきた関係でつぶさにこれらの運動を見ることが可能であった。特定の開発計画に反対する運動と新しい生活様式を求める教育的な運動の二つの流れがある。また景観の保護が大きな争点となり、知事選挙、市長選挙の争点となってきた。

　第4章の付章「ポン・デ・ザール勝利の意義」は京都の古い町並みの中に住み、町の景観と伝統の祇園祭を守る運動を指導しておられる木村万平氏に執筆をお願いした。鴨川にフランス風の橋を架けようとする計画を中止した話である。

　第3部では国境を越えて活動する環境保護運動を眺める。環境問題が大規模になってきたのと対応して、運動も国際的になってきている。国際的問題として環境問題に取り組む環境保護運動体を取り上げる。さらにオランダにおける環境保護運動を検討し、日本の運動と対比を試みる。オランダは人口過密な工業国であり、環境保護運動がきわめて活発な国である。

　第4部では、環境保護運動の政治的意義を考えたい。運動体の役割を無視しては環境問題の解決を考えることはできない。政府や国際機構の環境政策形成における運動体の影響力を考えたい。

　筆者は国際法を学ぶ過程で海洋汚染問題を卒業論文で取り上げた。それがきっかけで環境問題に入った。地元の市役所に勤務するようになり、自分の住む地域の環境の悪化に目が行き、環境保護運動に興味を深めた。そのころは、環境問題に対して自分に何ができるのか、何をすべきなのかはまったくわからなかった。1975年に神戸大学で開かれた行政学会で中村紀一氏による「住民運動試論」についての講演を聞いたことにより運動に対する関心が高まった。1970年代の終わりにオリオルダン教授編集の本 "Progress in Resource Management and Environmental Planning 2" に「日本の環境保護運動」（第1章）

を寄稿したことが環境保護運動についての研究の始まりであった。

　1974年、人間環境問題研究会に入ってから浅野直人教授（福岡大学）と敦賀市や大飯町、小浜市の現地調査に行ったことも刺激になった。そこで、反原発運動をすすめておられる小浜市の明通寺住職の中嶌哲演氏にお会いしたことが思い出される。2000年12月に連絡を取ったところ、中嶌哲演住職は健在で、原発設置反対小浜市民の会を指導されていることを知った。中嶌住職には第2章「原子力発電所と住民運動——原発設置反対小浜市民の会の主張と行動」の校正をお願いすることができた。

　1990年、マテアス・フェンガー氏（当時コロンビア大学教育学部教授）が日本の環境保護運動について書くことを求めてきた。その時再び日本の環境保護運動について書く機会を与えられ、オランダ、アメリカの運動と比較することができた。

　環境保護運動は多様である。運動方法もしかり。企業や政府に敵対するものから協力関係を築き問題を解決しようとするものまで、その違いには大きいものがある。

　今までの環境保護運動について書いてきたものをまとめようとするのが本書の試みである。研究を始めてから30年経過したことに驚かざるをえない。

　環境保護運動について書き始めるとそれについて書くことだけでは終わらなくなった。身近な問題に関するいくつかの環境保護運動にわたし自身、参加するようになった。ミイラ取りがミイラになったのかもしれない。ただし本書の記述はあくまで運動家のそれでなく、客観的、学問的に書かれたものである。

日本の環境保護運動／目　次

まえがき ……………………………………………………………… iii

第1部　日本の環境保護運動　　　　　　　　　　　　　　　3

第1章　日本の環境保護運動 …………………………………… 5
1　はじめに
2　歴史的背景
3　日本の環境保護運動の構成
4　戦術について
5　日本の運動の特質
6　日本の環境保護運動の展望

第2章　OECD『日本の経験』(環境政策報告書)を読んで
　　　　　　―住民運動の視点からの考察― ………………… 25

第2部　地域での取り組み　　　　　　　　　　　　　　　　31

第3章　原子力発電所と住民運動 ……………………………… 33
1　福井県と原子力発電所誘致
2　小浜市民の会立ち上がる
3　住民運動と開発、環境

第4章　開発と環境 ……………………………………………… 43
1　京都市西部開発計画をめぐって
2　琵琶湖総合開発事業と環境権訴訟

第5章　古都景観を守る運動 …………………………………… 63
1　伏見南浜マンション建設差し止め申請事件
2　西大津バイパス事件
3　大見スポーツ公園建設反対運動
4　鴨川ダム反対運動
5　60メートルをめぐる景観論争
6　大文字山ゴルフ場建設反対運動
7　第二外環状道路を作らせないために
8　ポン・デ・ザール橋建設反対運動
付節　ポン・デ・ザール勝利の意義――木村万平

第6章　環境創造への挑戦 …………………………… 107
　　1　使い捨て時代を考える会
　　2　環境市民の誕生

第7章　動物の権利を考える――アマミノクロウサギ訴訟から ‥119
　　1　動物の権利の主張
　　2　ディープ・エコロジーの視点
　　3　おわりに

第3部　国際的規模の運動　　　　　　　　　　　　　　　　129

第8章　熱帯雨林とNGO …………………………… 131
　　1　地球環境問題としての熱帯雨林減少
　　2　熱帯雨林の保護のために運動するNGO（日本）
　　3　海外のNGO
　　4　おわりに

第9章　地球環境とNGO …………………………… 151
　　1　国際的環境NGOの活動
　　2　国際的環境会議とNGO
　　3　NGOと国際的環境問題

第10章　オランダの環境保護運動 …………………… 161
　　1　歴史的背景
　　2　運動の対象となる問題
　　3　組織的特色
　　4　運動の方法
　　5　結　語

第4部　環境保護運動の意義　　　　　　　　　　　　　　　　179

第11章　環境保護運動の意義 ………………………… 181

あとがき ……………………………………………………… 187
初出一覧 ……………………………………………………… 188
索引 …………………………………………………………… 190

日本の環境保護運動

第1部　日本の環境保護運動

第1章　日本の環境保護運動

1　はじめに

　なぜ日本の環境保護運動は今日大変活発であるのか。根本的には2つの理由がある。第1は日本が直面している環境問題の深刻さである。特に過度の開発と汚染が大きな問題となっている。第2は日本国憲法の保障する自由権のもと、種々の抗議運動が花咲いていることである。裁判所に訴える方法から直接行動まで色々な戦術がとられる。

　日本の経済成長の成功が環境保護運動の立ち上がりを可能にした。自然環境は、近年、極めて急激に破壊されてきた。多くの都市の大気が人の健康を蝕んでいる。大都市では自然度の高い植生がほとんど見られない。多くの自然景観が失われた。50％の海浜が人工海岸(岸壁)となった(環境庁、1978年、59頁)。1960年と70年の間に農地は0.55％(年)ずつ減少した(国土庁調査、1977年)。

　60年代半ば、多くの日本人は環境悪化に対して抗議を始めた。種々の問題が抗議対象であった。新潟、水俣の水銀中毒、四日市、川崎、大阪の大気汚染、富山のカドミウム汚染、空港騒音、幹線道路の騒音などである。70年代になると日本の高度経済成長を支える価値観を問うグループも現れた。

　本章の目的は、環境保護運動の歴史的発展、構造を分析し、将来への展望を語ることである。そうすることによって経済成長の結果として生まれた政

治的、経済的問題に光を当てることができる。

2 歴史的背景

　江戸時代の300年にわたる鎖国の後の19世紀末、日本は西洋列強によって開国を強制された。植民地化を避けるため選択の余地はなかった。以来日本は富国強兵を目指した。1867年の明治維新から第2次世界大戦の開始までの間、汚染によって引き起こされたいくつかの自然破壊・健康侵害事件があった。銅の製錬、製鉄、セメント工場や石炭燃焼による公害事件があった。公害の被害者は抗議運動を組織し、差し止めや賠償を求めたが、住民の健康よりも工業の振興を優先した政府の厳しい弾圧にあった。

　1900年ごろの足尾鉱毒事件はその一例である。これは最も深刻で悲劇的な事件であった。20世紀の初めのことである。銅の製錬により発生する亜硫酸ガスにより近くの松木村は消滅し、下流の水田や畑は鉱毒により莫大な被害を受けた。帝国議会議員の田中正造は政府に対策を迫ったが成就せず、ついに議員を辞して明治天皇に直訴しようとした。3000人におよぶ農民が東京へ押し出しを計画するも、川俣で警察隊に阻止され、逮捕者を出した。東京では足尾鉱毒事件について同情する市民や学生が政府の弾圧を批難し、田中正造らの反対運動を支持したが、政府は足尾鉱山の操業停止を命ずることはなかった。

　第2次世界大戦後は軍備の放棄を宣言し、日本はひたすらに経済の拡張と工業化の道を歩んだ。労働者の勤勉さ、規律、忠誠心によって日本は成長を続けた。1950年〜1974年の経済成長率は平均で9.6％を示した（経済企画庁、1976年）。1977年、日本の自動車台数は3300万台に達した。1960年には300万台にすぎなかった。エネルギー需要は1960年から1970年の間に平均で毎年11.6％の増加を示した。

　経済成長は今日も第一の政治的目標であるが、主要な開発計画には反対運動の発生が普通となっている。1977年の12月、開発計画に対し368の訴訟が

提起されていた。訴訟に至らない反対運動はこれよりも多い。100万人以上の人々が何らかの方法で汚染により引き起こされた問題に関わっていると推測される。被害は大変大きく、穏健な人々でも汚染に抗議し補償を求めている。これらの要求は既存の法律や政策の予定していないものであるため、適切な反応がなされない。ゆえに被害者は自ら立ち上がり政治的、法律的な抗議方法をとらざるを得ないのである。被害があまりにもひどいので、多くの人々は経済成長の妥当性を疑うようになった。しかして環境保護運動はより多くの支持を得て、政府の諸開発計画を変更させようと運動するに至った。

琵琶湖環境権訴訟の原告団長辻田啓志氏は政府の国土開発計画は日本を醜悪にしている上、戦前の帝国主義の再来と批難する(辻田啓志、1977年、175頁)。

抗議は広がっても政府の開発優先政策は変わらない。地方議会もあまり開発批判に同情的ではない。汚染企業は責任を認めず、抗議の人々が交渉を求めても拒否することが多い。法廷に呼び出されても一切の責任を認めない。被害者が工場側に汚染物質の排出について情報を求めても、工場側は企業秘密を理由に公開を拒んできた。

労働組合も決して反公害運動に同情的ではない。これは1つに、労働組合が職業別でなく企業ごとに組織されているという事情による。企業の中に1つの職員労働組合があるので、企業が攻撃されたらその労働組合は企業を守るのである。この現象は水俣病の被害者や支援者に対したチッソ(株)の労働組合に典型的に見られた。しかしながら公害発生企業の労働組合の反対運動に対する冷淡さ、また反動的態度にも関わらず、多くの若い労働組合員が個人的に運動に共鳴し支援する動きもある。成田空港(新東京国際空港)の建設に反対する運動に多くの若い労働者、学生が参加し、警察の機動隊と実力でぶつかる事態が繰り返された。1978年3月26日、20人の公務員が成田空港反対デモで逮捕されたことに政府は驚いた。何人かの逮捕された労働者は首を切られたが、労働組合は何も抗議しなかった。動労は1978年、反成田空港闘争支援を中止した。しかし、動労千葉支局は闘争に加わり闘ったので、動労より除名処分を受けた。まれに労働組合が開発に反対することもある。1977年石川

県の火力発電諸建設に2つの公営企業労働組合が反対したのがその例である。

戦後の新しい憲法は政治的自由を保障したので、環境保護運動は組織を作り抗議し、マスメディアが大きく報道した。政府や企業もこれらの市民的諸権利を認めざるを得ず、環境保護運動を弾圧することはできない。

環境保護運動などの新しい抗議運動は、1960年代の大学闘争の経験によっていっそう発展した。大学で紛争を経験した若い人々は大企業や政府に対抗、いかに闘うのかについての教訓を得たのである。多くの環境保護運動は地球の汚染に反対する所から生まれた。最初は少数の人々によって運動が担われ、徐々に参加者を増加していった。運動は公的な組織の援助を受けない非公式な人々の集まりであった。運動を担う人々の入れ替わりがあるものの、指導者達は普通ずっと同じである。70年代の前半においては、新左翼はこれらの抗議運動に政治的意義を見出した。しかし、ほとんどの環境保護運動は地域的なものであり、かつ非政治的なものにとどまった。

3 日本の環境保護運動の構成

環境保護運動は基本的に自主的かつ即興的に組織された雑多な臨時的集まりであった。そして地域的な環境問題の解決を目指した。ほとんどの団体は官僚的な組織を持たず、公開性、柔軟性に満ち、一種の草の根民主主義を実践するかのごときであった。これらの団体のカギとなるものは、よい指導力、少数かつ献身的な参加者である。本当に関心のある人のみが参加し、士気は高く、団結力も強いものがある。1975年の環境庁の資料によると、環境保護運動は1286団体あるとされている。しかしこの推定は地域で影響力を発揮している小さな団体を数えていないので過少である。

日本の環境保護運動を3つに分類してその特質を述べよう。(1)公害による被害の補償を求める団体。(2)開発に反対する団体。(3)よりよい生活様式を求める団体(図1参照)。

第1章　日本の環境保護運動　　9

(1) 被害者の救済を求める運動

64年 66　70　73 75 77　80　85　88 90　95　00

提訴 — 新潟地裁判決 — 水俣病患者団体(新潟県)
提訴 — 富山地裁判決 — イタイイタイ病患者
提訴 — 津地裁四日市支部判決 — 四日市大気汚染公害患者団
提訴 — 熊本地裁判決 — 水俣病患者(熊本県)
提訴 — カネミライスオイル(PCB)患者 — 和解
提訴 — スモン病患者 — 金沢地裁判決 — 和解
提訴 — HIV患者 — 和解

64年 66　70　72 75 77　80 82　85　88 90 92　95 97　00

(2) 開発反対運動

三里塚空港反対同盟
提訴 — 地裁判決 — 最高裁判決　大阪国際空港騒音差止訴訟団
提訴 — 松山地裁判決 — 伊方原発設置許可取消訴 — 最高裁判決
提訴 — 琵琶湖環境権訴訟団 — 地裁判決

64年　70　75　80　85　90　95　00 02

(3) 新しい生活様式を求める運動

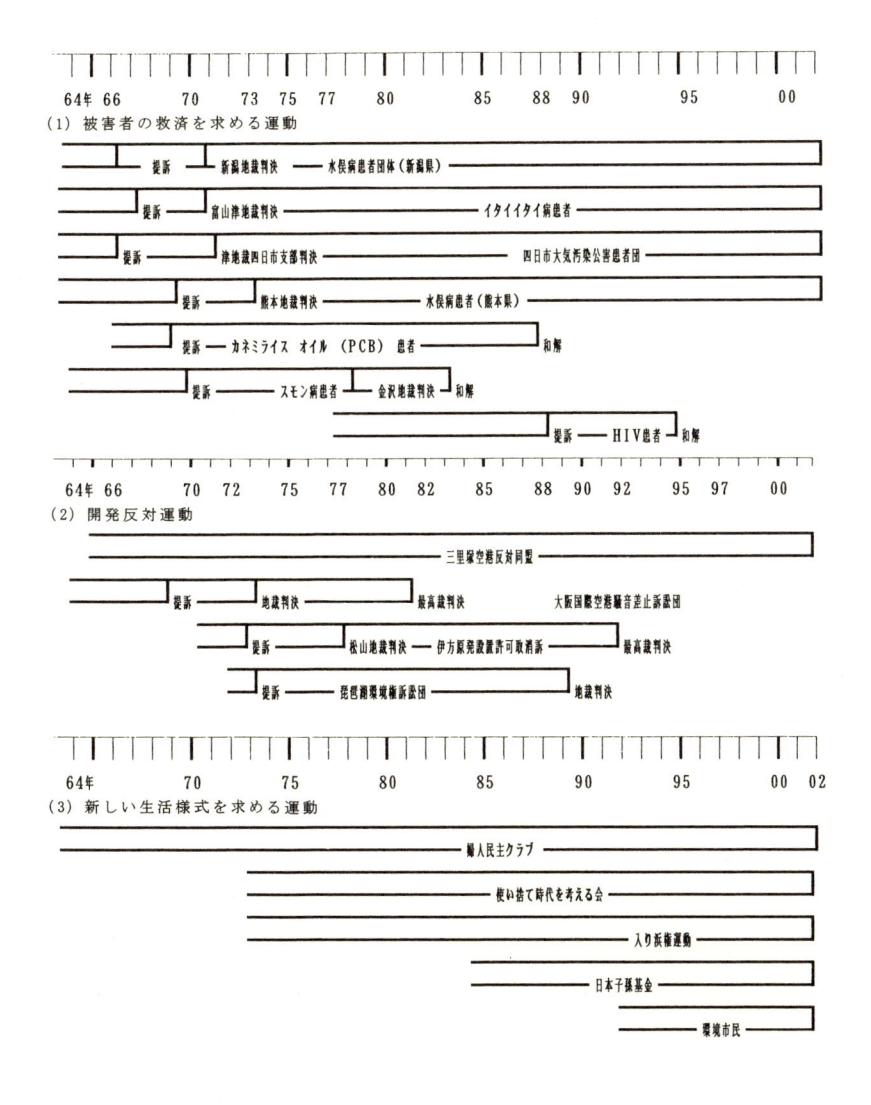

婦人民主クラブ
使い捨て時代を考える会
入り浜権運動
日本子孫基金
環境市民

図1　運動体の類型

1 被害の回復を求める団体

　被害の回復を求める団体は日本における環境保護運動の先駆けを成した。これらの運動は公害規制法の強化や立法化に大きく貢献した。今日においてもこれらの団体は汚染の規制、補償に関する法律の改正を要求している。下記に4つの事例を示し、直面している困難な問題を述べる。

(1) 四日市ぜんそく

　60年代に政府は、新産業都市建設促進法を作り、四日市市を新産業都市の1つに指定した。石油精製、石油火力発電所の集中立地を図った（いわゆる石油化学コンビナートの建設）。60年代初期、現地にぜんそくなど呼吸器疾患が発生した。工場群の出す二酸化硫黄（SO_2）がその原因であった。1972年、900人が公式に SO_2 によりぜんそくになったとして公害病患者と認定された。

(2) 水俣病

　水俣のチッソ株式会社は水俣湾に水銀を排出しつづけ、魚介類を水銀で汚染した。湾内からとれる魚介類を食べた地元住民に水銀中毒を引き起こした。水銀中毒はハンターラッセル症候群を特徴とし、中枢神経をマヒさせる。手足の筋肉の痛み、運動能力マヒ、視野狭窄、言語不良など神経を破壊した。

(3) 新潟水俣病

　この症状は新潟にも現れた。そこには昭和電工(株)の鹿瀬工場があった。昭和電工(株)は川へ水銀を排出していたため、川魚を食べる流域の人々に水銀中毒を引き起こしたのである。50人が死亡、669人に中毒症状が見られる。これは公的に認定した数字にすぎず、実際はこれ以上の患者が発生した。

(4) イタイイタイ病

　悪名高いイタイイタイ病は、骨折による苦痛のため「イタイイタイ」と叫ぶ患者から命名された。カドミウムを摂取した人がかかる病気である。神通川上流にある三井金属鉱業(株)の神岡鉱業所よりカドミウムが流出し、農地を汚染し、米などの食料を通して人体に入ったためである。1978年の環境庁の発表では、54人が死亡、143人が病気とされる。被害者は損害賠償を裁判所

に請求した。対馬でも同様のカドミウム汚染が見つかり、被害者は補償を求めている。

　すべての場合、汚染企業は法的責任を否定したので、被害者は法廷に訴えざるを得なかった。裁判所は、四日市大気汚染、新潟水俣病、水俣病、イタイイタイ病訴訟において、原告の訴えを認め、公害企業に損害賠償の支払いを命じた。公害訴訟によって一般大衆や政府は問題の深刻さを承認せざるを得なかった。その結果、1973年に政府は公害健康被害の補償等に関する法律(公健法)を作り、被害者の救済に乗り出した。この立法によって政府は公害の被害者に医療費、生活費、葬祭料などを支払うことになった。公健法は、水俣病、イタイイタイ病、ヒ素中毒、呼吸器疾患を指定公害病とした。37カ所(第1種地域)を「大気汚染」地域とし、大気汚染による呼吸器病に補償が払われることになった。第2種地域としては水俣病、ヒ素中毒、イタイイタイ病の発生した地域を指定した。補償基金は政府支払い金と汚染者への賦課金によって賄われた。汚染者の負担は3分の2となっている。公健法は解決策を提出していない。被害者に対する単なる補償を規定しているのみである。汚染を引き起こし被害が出た後で払うという原則である。1978年、環境庁は6万3741人を公害病患者として認定した。しかし、公害による病気に苦しむ患者は100万人以上いるが、すべての患者は補償が得られないのである。

　地域で闘う被害者は大変力強く献身的である。時に汚染者が補償案を示しても同意しない場合もある。水俣病事件では被害者はいくつもの団体に分裂した。ある団体は早期解決を求め、地元自治体のあっせん案を受け入れた。他のグループはそれに満足せず、法的解決を求め多くの年月を費やさざるを得なかった。問題の複雑さから患者は色々な立場に分かれざるを得なかった。反対運動に対して汚染企業の巧妙な分裂の策動があった。もし統一した運動が成功すれば大きな力となる。森永乳業ヒ素中毒の子供を守る会のケースでは、森永乳業を追い詰め、有利な補償を勝ち取った。森永乳業の作ったドライミルクにヒ素が混入し、130人の乳児を死亡させ1万2000人に損害を与えた事件であった(木宮、1974、463頁)。

しかし公健法は十分なものではない。医学的所見の条文に詳細な規定がなく、苦痛などの基準が書かれていない。多くの患者が生涯にわたって苦しむが十分な補償が得られないのである。また汚染物質の除去が常に行われるとは限らない。富山カドミウム事件では、カドミウムに汚染された水田、畑の土壌の回復はいまだ十分になされていない。水俣湾の水銀もしかりである。チッソ株式会社は補償金の支払いのため倒産の危機に陥り、公的資金の導入によってかろうじて操業を続けている。

2　開発に反対する団体

　反開発グループは今日、環境保護運動の中核をなす。なぜなら問題のある発電所、下水処理場、道路、空港などの開発計画が多くあるからである。これらの反対する団体の動機は平和で静かで美しい生活を経てきたという経験に由来している。これらの生活環境が破壊されようとしているとき、それを守らなければならないとする意思が生まれる。これら反対団体は小さい組織であるが、活発に動いているいくつかの団体は全国的規模の組織を形成するに至っている。日本自然保護協会は南アルプススーパー林道建設に反対している。多くの会員は登山家である。三里塚芝山連合空港反対同盟は新東京国際空港の建設に反対して自らの土地を死守している。この農民の反対運動に新左翼の運動家が加わり、また労働組合員の一部も参加し、全国的規模の反対運動になった。多くの活動家は1960年の反安保闘争、60年代後半の大学闘争の経験者であり、直接行動に訴えて反対を表明した。1万4000人の機動隊が成田空港の警備に必要とされる。1978年3月に空港（1期工事）が完成したものの、反対運動はまだ続いている。

　新左翼にとって空港反対闘争、農民との連帯は象徴的重要性があった。農民の土地を守るという目的は国家権力に反対することであり、新左翼の分派の争いも少なく、協力関係が築かれた。共産党、社会党が反対運動から手をひいた後も、反対同盟はよく団結し運動を継続した。警官との衝突、逮捕、デモ、支持の請願の規模など、この成田空港反対運動は日本では最大級の闘

いであった。反対運動の他の例として、琵琶湖の総合開発計画に反対し、差し止め訴訟を展開しているグループ、横浜貨物線反対のグループ、伊方原子力発電所の建設を止めようとしているグループなどがある。

3 もう1つの生活様式を求めるグループ

　第3型の運動団体は消費者的指向、合法的、建設的提案を特質とする。数は必ずしも多くない。環境を汚染するような消費を避ける生活の実現を目指している。大量生産の技術や人工的化学物質を避けようとしている。生態学的秩序の回復を願い科学技術に対する不信をあらわにしている。1946年に結成された民主婦人クラブは　60年代になって環境への関心を高めた。婦人民主新聞(週刊)は常に環境問題を記事にしている。婦人民主クラブは、農薬会社を訴えた。無漂白のタオル、下着、石けんや無農薬みかんを全国の会員に販売している。5000人の会員を擁している。政党との結びつきはない。

　関西リサイクル運動は不用品を集め必要な人にそれを売っている。1カ月に3000を超える不用品を専属職員が販売している。1978年には10万冊の本を扱った。運動はほとんどボランティアから成っている。

　使い捨て時代を考える会は1972年、古紙の回収、石鹸普及から活動を始めた。この会は京都地区を中心に2000世帯を会員とし、有機野菜、無添加食品を共同購入する団体である。このような団体は、鎌倉、神戸、東京、大阪、横浜にもあるが、小さな規模にとどまっている。そこまでこだわって食品、衣料品などを購入する人は少数なのである。

　1975年、高崎裕士氏は入浜権運動を始めた。浜を埋め立てや開発から守り、すべての人に浜に立ち入る権利を認めるよう主張したのである。若い弁護士や現地運動家が入浜権全国センターに参加し、毎年セミナーを開いている。現在のところ、国会による入浜権の立法化を目指しているが、成功に至っていない。

　1970年以来『地域闘争』(月刊)が発行され、全国の運動に関する記事を載せている。記事はすべて運動家によって書かれ、いっさいの報酬を受けない。

環境保護運動の経験を交換しあう場を提供している。日本の環境保護運動を理解するためにはこの雑誌は不可欠となっている。現在この雑誌は『むすぶ』という名称に変わっている。

現在までのところ、全国規模の環境保護団体は極めて数が少ない。その理由は地域で運動する団体は地域での支持を求めているのであり、他の地域に住む人にとっては本質的に興味のあることではないからである。いずれにせよ、全国に運動を広げる十分な資金もないのである。

しかし、1978年以来、日本の運動を全国的に結びつける試みがある。同年11月に28の運動団体が初めて全国大会に集まった。この集会で全国の運動を調整する委員会の設置が決まった。反開発運動の団体は特に活発に動いたのに対し、被害者団体は静かであったという。公害道路に反対しているグループや湖沼、河川の保護を訴えるグループも、それぞれの全国会議を開き、結び付きを図っている。公害道路に反対する運動体は50を超えた。湖沼、河川の保護団体は25を数え、全国集会に参加した。集会は多くの利益と才能が生かされる場となり、集まった団体の相互連絡と調整が図られるようになった。

しかしながら多様性と地域性に特色付けられる各運動体であるので、いまだに政府に対してまとまって影響力を行使しうるところまで行っていない。もっと多くの集会、情報の交換、共同行動のための調整が必要とされる。各運動体の長所は、地域に対する愛着、活力、宣伝力、独自性にある。これらは政府や政党に欠けるものである。したがって全国的統一を均質性というコストを払ってまで成し遂げることはないと思われる。

4 戦術について

日本の環境保護運動は5つの戦術を行使して政府の政策変更や運動の目的を達しようとしている。汚染者との直接的交渉、署名、パンフレットの配布、デモ、法廷闘争をあげることができる。多くの場合これらの手段は世論の支持を得ること、政府や開発業者、汚染企業から回答を引き出すため行使され

る。

　最も多く試みられるのは署名を集めて政府や政党に請願をすることである。そして政府や開発業者との交渉に臨むことが行われる。請願書は紹介議員の署名が必要である。しかし政治色を避けるため、複数の議員の署名が求められる。請願が議会には提出されるものの、直接的な効果が得られるとは限らない。行政当局が強い権限を持ち、議会をおさえている現状がある。請願の真の目的は特定の汚染や開発計画に反対があることを公に示すことにある。新聞が請願のことを記事にするとある程度の反響が期待できる。請願の内容がよく知られるようになり、政府に対して圧力となるのである。しかし、新聞社は広告収益により維持されているので、広告主の利益をあまり損なう記事を載せられないことも事実である。合成洗剤や原発について批判的な記事はまず新聞に出ないのはそういった事情があるのである。一般的に小さい自治体になるほど請願はより効果的になる。

　パンフレットはどこでも配布し得る。駅前、政府の庁舎、汚染企業の門前や街頭などである。特に重要な時を選んでパンフレットを配布して主張を宣伝する。運動団体が新聞や雑誌に投稿したり、本を出版するのも同じ戦術である。

　デモを組織したり現場での座り込みが行われる。現場に見張り小屋を作り、そこに監視をおく戦術もある。警察が来て排除にかかるとデモ隊との衝突が起こる。新東京国際空港反対運動は1973年12月までの13年間に6人の死者と数千人の負傷者を出した。国は成田空港を守るため数千人の監視員を配置し、バリケードを空港の周りにめぐらさざるを得なくなった。また、成田空港を守るため特別法を作った。不当逮捕や被疑者の長期拘留、重い処罰も反対者を減ずることはできなかった。三里塚反対同盟の指導者1人は、いつでも数千人の支持者を集めることができるといった。1978年5月7日、反対同盟は東京で総会を開き、1万5000人を集めた。

　法廷闘争は特に日本では好まれない。法廷闘争は新しい闘争方法である。戦前の法は国家に対する民事訴訟を認めなかった。行政裁判所が一定の訴え

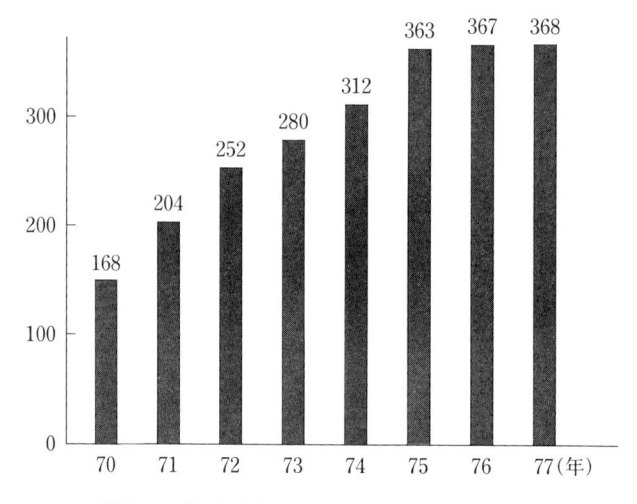

図2　公害関係事件第一審係属件数（各年12月現在）

を限定的に受け付けた。裁判所に訴えることは費用もかかり長い時間が必要なので、今日でもあまり好まれない。汚染の被害者は時に法廷外の解決を目指すのか裁判所に訴えるのかで分裂することがある。三井金属鉱業(株)に対して闘ったイタイイタイ病患者は、富山地裁の判決を得るまで5年頑張った。三井金属鉱業(株)はさらに高等裁判所に控訴し、敗れた。これは損害賠償を被害者が勝ち取った初めての公害訴訟事件であった。他の公害被害者に勇気を与えた二つの水俣病事件、四日市公害訴訟が続いた。被害者は貧しく、裁判所に行くにも健康がすぐれず、困難な状況の中で、裁判官は被害者の要求を次々と認容していった。法廷闘争の困難さにも関わらず、訴訟は増加している。1970年、168件が訴訟中であったが、8年後の1978年には368件に増加している(環境庁、1978年、24頁)(図2参照)。

　薬害による被害者の数が多いことも日本の特色である。薬の乱用には政府のゆるい規制、薬を処方すればするほど医師の収入が増加するシステム、製薬会社の激しい売り込み、健康保険による医療費の負担にその原因がある。キノホルム、サリドマイド、クロロキンの名で売られた薬が、それぞれスモン病、アザラシ児の誕生、視力を奪うなどの薬害を引き起こした。

最も大きな薬害はスモン病である。キノホルムの服用は、舌、手足のしびれ、視力を奪うことなどの病状を引き起こした。患者は口を開くことができなくなったり、排尿に困難が生じたり、視力を失った。現在3万人のスモン病の患者がいる。1971年、初めて裁判所に損害賠償を求める訴えが提起された。2、3年のうちに4000人がこの裁判に参加した。裁判所はキノホルムの服用とスモン病の発生の間に因果関係を認めた。内務省は1936年、キノホルムが毒性が強いと断じ、内服を禁止するも、アメーバー赤痢に効くとして処方された。1970年になって政府はキノホルムの服用を禁止した。

　悲劇は、患者は健康をもはや回復することができず残りの人生を汚染企業又は政府の補償金によって生活せざるを得ないことである。予防措置が早い段階で取られるべきであったし、また差し止めが早く行われていたらこういった悲劇は避けられたのである。裁判所による差し止め命令は汚染企業に注意を与え、反省の機会を与えるものである。しかし、差し止め命令が出された事例はきわめてまれであった。

　1976年、大阪国際空港（伊丹市）事件では、空港管理者たる国は大阪高裁により夜間の飛行機発着を禁止する命令を受けた。21時から朝6時までである。政府はこれを不服とし直ちに最高裁に上訴した。政府はいつでもジェット機が発着できる空港にはより高い公共性があると主張した。4000人の原告は大変不満であった。政府の行為に対する差し止めは極めて難しい。下級審の裁判官は最高裁の作った名簿によって内閣が任命する。憲法は裁判官の独立を保障しているが、裁判官は将来の人事を考えると最高裁に逆らうような大胆な判決を書くことができない。1978年に札幌高裁を退官する裁判官はこの傾向を憂い、仲間の裁判官に、特に政府の行為が問題になったときでももっと公平な裁きをするように促した。

　差し止め命令が得がたいもう1つの理由は日本の法制度に根ざしている。法は賠償が妥当な救済であると規定しており（民法709条）、環境保護運動家が差し止めを求めても裁判所が差し止めによる救済を命ずることは必ずしも容易でない。このことは、「環境保護」が訴訟の利益として認められるかどうか

に関わっている。現行法上、環境上の利益が十分に考慮されていない大阪国際空港訴訟では原告は環境権を主張した。弁護団は環境権を現行法の解釈により導いたのである。大阪高裁はこの環境権を援用することなく私法上の人格権を根拠に原告の主張を認容した。

行政法によれば政府の行為は公定力を持つ。すなわち裁判によって違法と判断されるまで適法と推定される。したがって国家による開発事業は裁判所による違法判断が出るまで適法であり工事は決して止められることはない。裁判所の判断が出るころには工事はすべて終了しており、裁判所は完成した以上訴えの利益はないと訴えを却下してしまう。政府は反対者を逆に裁判所に訴え、運動を封じ込めようとする。しかしこうした法律的限界にも関わらず、差し止めを求める訴訟は増加傾向にある。

裁判で争うことは単なる法律上のみの争いでない。裁判の続く間、環境保護運動は世論に訴え、政府や開発者に政治的圧力を及ぼすことができる。大阪国際空港訴訟の例では最終的に原告は夜間飛行差し止めの訴えを最高裁判所より勝ち取ることに失敗したものの、政府は自主的に騒音対策を始め、夜間飛行を禁止する措置を取った。

5 日本の運動の特質

日本の環境保護運動は政治、文化及び環境問題の性格により、ある特色を有すると考えられる。

1 地域的性格

運動は著しく地域的である。汚染問題の原因と結果がはっきりと確認できること、また地域の環境はそこに住む人々が最もよく理解していること、地域に対する愛着を有している。地域の人々は共通の利益によって結ばれている。チュアンの言うトポフィリア（景観に対する愛着）が環境保護運動の強い動機をなすと考えられる(Tuan, 1974, Topophilia)。

2 政党からの独立性

　環境保護運動は住民の利益から出発しているので、政党の党派性はまったくない。運動体は自立的であり、政党による支配を警戒している。実際のところ多くの政党があるので、1つの政党に密着すると他の政党から嫌われることもある。皮肉なことには、環境保護運動の存在は政党が必ずしも民主主義的でないことを示しているのである。政党は住民が環境のために闘える能力があるとは考えていない。この結果、ほとんどの政党は、環境保護運動を疑問視している。共産党は自らを人民の党、与党たる自民党を批判できる唯一の党と主張しているが、時に運動体を厳しく批判する。ある運動体を自らの利益しか考えない暴力団体と批難したり、自民党に対する統一戦線を分裂させると言う。

　日本には環境政党は存在しない。問題のある開発計画が提案されたなら、その是非をめぐる議論は地方選挙の争点となりうる。原子力発電所の立地が争点になったなら、その開発に反対する候補が選挙に出て闘うのである。しかし国会議員の選挙では、すべての政党は経済成長と物理的繁栄を支持する。ゼロ成長を主張する政党はない。

3 弱い影響力

　日本の環境運動は各地に分散しており、政治的に弱い存在である。経済成長の論理が社会の各分野に強く染み込んでいる。政府は公社や特別法人を支配している。これらの公社、特別法人が開発を進める。裁判所も開発計画を一般に支持する。1978年、松山地方裁判所は、伊方原子力発電所の行政訴訟を却下した。これは同様の訴えを不可能とするものであった。新聞も環境保護の論陣を1973年ＯＰＥＣの石油禁輸以前みたいに張らなくなった。多くの日本人は現在の汚染レベルを受け入れてしまっている。

　環境保護団体は経済団体のロビーのようによく組織されていない。影響力を発揮するにはあまりにも未熟なのである。ほとんどの人々は日々の生活に

追われ、とても環境保護のために時間をさけないのが現状である。

4 政策決定に対する影響

　環境保護団体は地方の行政機関と交渉することで大きな成果を得る。これらの交渉過程の中で運動の指導者は現行の政策決定過程が地域の住民の利益に合致しないことを知るに至る。その結果環境運動体は既存の環境問題や開発計画の組織的な評価、情報の公開を強く求める。また住民の同意を主張する。

　ここでの主要な問題は、政策決定過程が十分な情報公開と市民参加がない限り、極めて不満足なものであることである。市民公聴会は形式にすぎず実体がない。決定はすでに下されているからである。多くの人が参加できない。したがって公聴会は計画を正当化するための手段にすぎず、反対運動をしている人々の不満を増すだけである。政府に対する不満は根深いのである。開発者と抗議する人々が出合う場所は工事現場か法廷なのである。

　日本において環境影響評価制度はほとんど何の役にも立たない。環境影響評価制度があるということは環境保護にとって小さな勝利ではある。開発の決定は通常の民主的手続きの外で行われる。日本における環境影響評価は単なる手続き上のハードルとして扱われる危険がある。環境の悪化を食い止めるための手段にはなり得ないのである。

　地方自治体の方がより民主的な手続を取り得る。反対運動や裁判所の決定に影響される場合がそうである。汚染による被害の賠償を求める裁判に勝訴した場合、中央政府、地方自治体双方に大きな影響を与える。しかし、環境にとって受け入れやすい政策決定を促すような一般的運動は存在しない。汚染による被害の賠償、薬害防止のための法律改正において立法上、行政上の改善が見られた。これはひとえに被害者の10年以上にわたる悲惨な闘いの成果である。新しい生活様式を日本にもたらす運動体の影響力もまた弱い。仲間同士でいたわりあっているのみで、日本社会の周辺部にしかその居場所がないのである。

6 日本の環境保護運動の展望

　日本の歴史の中で今日ほど物質的に繁栄している時期はない。大多数の人々が高収入と物質的繁栄を享受している。しかし多くのよき自然や文化と伝統が失われた。汚染により病気になった人も少なくない。政府でさえ6万3000人を公害病患者と公的に認定している(1978年)。空気、水、土壌、食料が、人が作り出した有害な物質によって汚染されている。子供が外で自由に遊べる空間が消えた。美しい景観は醜悪なものに変わってしまった。日本人は経済成長に対して高い代価を払っている。この代価の支払いは不平等である。負担を強いられているのは貧しい人々であり、金持ちは汚染の少ない安全な場所に住むことができる。

　環境保護運動は今日大きな矛盾にぶつかっている。大気、水質、土壌、景観は著しく悪化している。環境保護運動に参加している人は日本の政治文化の主流からはずれ無力感に陥っている。1977年の第3次全国総合開発計画は環境に対して何の配慮も払っていない。工業生産を10年間で2倍に増やすとし、数々の新しい開発計画が提案されている。

　環境影響評価制度に対しては口先の敬意が払われてはいる。この制度は開発を正当化するのに使われていることを環境保護論者は知っている。確かに環境庁は環境影響評価制度を立法化しようと努力し、いくつかの地方自治体は立法化するのに成功した。しかしこの動きも疑いの目で見られている。

　いくつかの開発計画に対して差し止めの訴えが認められたことはある。影響を受ける住民に十分な情報が与えられていない、あるいは環境影響評価手続きに欠陥がある、開発業者が十分に住民と話し合っていないなどの理由が付されている。1979年3月までに4つの廃棄処理場の建設の差し止めが命じられたが、上記の理由によるものである。これは住民の提訴による部分的な勝利を意味する。

　政府は時に公害の被害者に補償を持ちかけ、反対運動を分裂させることも

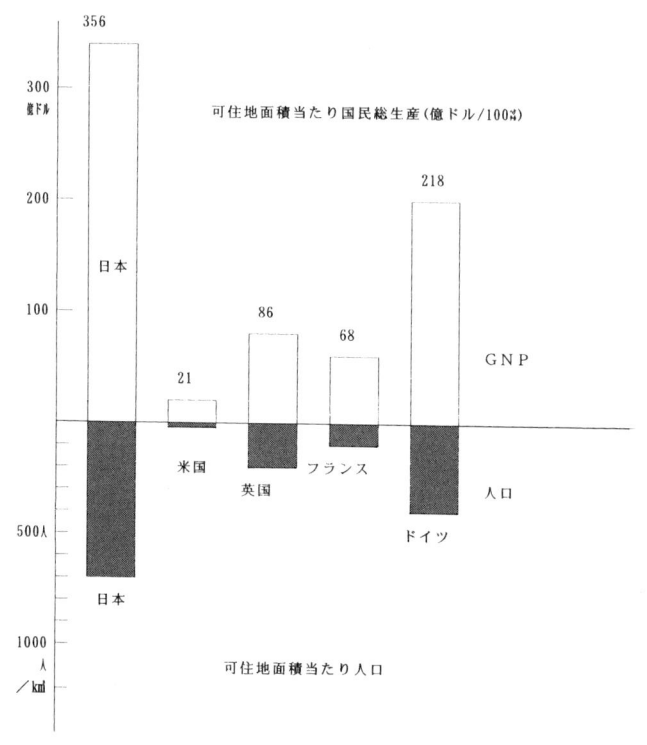

出典：環境庁『環境白書』S53年55頁より引用
図3　可住地面積当たり国民総生産・人口の国際比較

ある。運動の指導者を軽い刑法犯として逮捕し、長期拘留することもある。機動隊が導入され、デモを厳しく取り締まり、情報は常に不十分にしか公開されず、長い法廷闘争を余儀なくさせて、運動体を消滅させるのである。開発業者や政府は運動体の指導者と面会することを避け、特別法を作ってまで開発を促進する。新聞も環境保護運動の動きを記事にせず、時に暴力的な団体であるとの印象を与える報道をしたりする。

　図3は居住できる単位面積あたりのGNP（国民総生産）、人口密度が世界一の水準にあることを示している。このことは密度の高い居住、工業生産を意味し、極めて汚染の程度が高いことを意味している。この状況はさらに悪化するのであろうか。反公害運動は汚染の深刻さを訴え、かつ経済成長につ

いて疑いを提出した。しかし、単に被害の賠償を訴えるという後ろ向きの運動であるので、必ずしもその訴えが社会の主流となっていない。新しい生活様式の確立を訴えるグループはエネルギーや消費を抑える生活に転換するよう訴えている。このタイプの環境保護運動は大変希望を与える運動ではないか。

参考文献
1 環境庁、『環境白書』、1978年
2 経済企画庁、『経済白書』、1976年
3 辻田啓志、『えらいこっちゃ』パンフレット、1977年
4 ロシナンテ社、『地域闘争』、『むすぶ』月刊
5 婦人民主クラブ、『婦人民主新聞』週刊
6 YI-Fu Tuan, "Topohilia", 1974, Prentice-Hall, New Jersey.
7 国土庁、『第3次全国総合開発計画』、1977年
8 木宮高彦、『公害概論』、有斐閣、1974年

第2章 OECD『日本の経験』(環境政策報告書)を読んで

―住民運動の視点からの考察―

　私は住民運動と環境政策との関係という観点から本書を読んだ*。環境政策の形成に住民運動がいかなる役割を果たしているか、またその評価はいかに、という論点である。第Ⅱ章「政策の概観」、第Ⅳ章「立地」及び第Ⅷ章「結論」を中心として検討した。

　第Ⅱ章の「環境政策の進展」は、次のように指摘する。経済発展が汚染を生み、反公害意識を同時に作りだし、防止対策の要求が運動としてまとめられ、環境に対する公共政策の発展につながる、と。「戦後、日本人は経済成長と引き換えに環境悪化という代償を容認した」(『日本の経験』、14頁)。

　しかし、1960年代になって、この代価が高すぎることが問題になったという。三島、沼津の石油化学コンビナート計画に反対する住民運動のような抗議は増大する一方であり、水俣病、イタイイタイ病の発見によってこれらの反公害意識はますます高まっていった。

　マスコミも公害の記事や社説を増やしていった。社会的態度の変化は政治の領域にすぐ反映され、反公害運動は政治力となった。それも中央より地方においてであった。各地方で、地方公共団体が住民運動のつき上げにあって立ち上がらざるを得なかった。

＊　OECDレポート『日本の経験―環境政策は成功したか』国際環境問題研究会訳日本環境協会発行、1978年
　　原本：Politique de l'Environnement au Japon, OECD, 1977

このように本報告書は、住民運動の起源、役割を正当に評価していると私は考える。

　ただ次の指摘はやや問題である。

　「権力に反対している人々、団体は「環境」を戦場に選び、戦後、国を指導してきた財界、官僚体制、政治家の失敗に汚染を帰せしめた」（本報告書、16頁）。

　この記述は、おそらくⅤ章「立地」で詳しく触れられる成田空港の問題を頭においていると考えられる。しかし、すべて日本各地の住民運動がそうだとは限らない。住民運動がある土地に生活している人の実感により起こるとしたらどうであろうか（中村紀一『住民運動"私"論』学陽書房、1976年、31頁）。担い手は階級としての労働者でなく、地域住民である（中村、Ibid.）。

　地域に作られるコンビナートが、本当にそこの住民の生活をよくするかどうかが問題とされる。住民運動の担い手はもともと政治家や専門家を信頼し、税金もきちんとおさめて生活しているむしろ誠実で規範的な「国民」であると、中村紀一氏は『住民運動"私"論』の中で指摘される。

　反公害運動に立ちあがる人々が、結果として当該自治体、進出企業、国を相手とせざるを得なかったと理解すればよい。

　本報告書は、「政策は経済理論よりも感覚に基づくところが大きかった」と日本の環境政策を特徴づける（18頁）。その理由は、健康被害がどこの国よりもひどいこと及び、公害防除が工業に対する攻撃でもあったからだという。この感覚（feelings）に基づく環境政策は非経済的（non-economic）であるとも指摘する。

　住民運動が、中村紀一氏の主張するように生活者の「実感」から出発すること、その住民運動が政策形成に大きな影響力を与えたことを考えれば、日本の政策が「感覚」に基づくのは当然であろう。"feelings"（des sentiments）は日本語版では「感覚」となっているが、もちろん「実感」と言ってもよい。生活は具体的で土くさい。その生活を脅かす開発行為に反対する動機は「実感」である。住民運動によって尻をたたかれて形成されてきた環境政策は、住民の「実感」を反映したものにならざるをえなかった。

報告書は、日本の政策の特色の1つとして地方公共団体の役割の大きいことを挙げている。中央集権的な政治組織の日本で、地方の役割はほとんどないように考えられるが、それは誤りであると。公害規制は、地方自治体によって始められた。補償、総量規制は自治体が初めて取り入れたものであるし、排出基準を国より厳しくしている自治体が多い。行政指導によって規制が行われることの多い日本では、中央政府がそこまで介入することは不可能なためでもある(22頁)。

　本報告書の地方公共団体の役割の指摘は正当であると思う。1975年現在、規制では地方が国より10年先んじていると指摘されている(長谷敏夫書評「環境の政治学」〈ローゼンバウム〉1975年、京都市職員研修所、『研修』第32号、90頁)。

　公害発生施設の立地は環境質にとって本質的な要素である。日本ではこの立地の規制方法として次の二つがあると指摘する(63頁)。

　① 住民による規制(開発を阻止、変更させるために住民が行使する圧力)
　② 行政的規制(適切な決定のための公的制度・手続き)

　住民による規制は、経済的、社会的費用が高くつくと指摘する。極めて少数の反対運動が重要な事業を止めてしまう。計画推進者は予測が出来ない。また最善の方法ではないと言う(63〜67頁)。

　経済的社会的費用が高くつくというのは、結果論ではないか。反対される原因は、事業計画自体にあったのではないか。すなわち、地域住民の環境に対する意見、感情を十分に評価しなかった所に問題がある。報告書はここまで踏み込んでいない。

　少数者による反対運動が常であるというが、事業によってマイナスの影響を受けるのは特定の人々だけであって、反対運動が地域的になるのは当然であろう。反対運動は、少数のエリート、金持ちで、よく組織された特権階級にすぎず、このような人々が公共政策に大きな影響を与えるのは妥当ではなく、あくまで選挙によって選ばれた正当な代表者が最終的な決定をすべしという、ウィリアム・ジョーンズ教授(ロンドン大学)の指摘もある。だれが事業を規制するのかという問題である。

私は、不利益を受ける人々の意見が十分に尊重されなければ、いくら重要な事業でも民主主義という価値に照らして意味がないと考える。事前の住民手続きが不備であったり、住民無視があったりすることから反対運動が生まれる。このことは、報告書の指摘する所でもある(63頁)。行政的規制が不備の場合は、住民による規制もやむをえないとする報告書に私は同調する。

　行政的規制は、積極的方法と消極的方法がある(68頁)。積極的方法は、国土利用計画等により、公害の最も少ない所に立地を考える。消極的方法とは、環境影響評価制度(環境アセスメント)のように、公害立地を前提として最小の被害ですむように対策を立てることである。

　環境影響評価制度の導入について日本の現状を紹介している。現在までの国家レベルでの環境アセスメントの実績をみると、それが事業計画を拒否した例はなく、住民による規制に取って替わりはしなかったと指摘した(68頁)。

　これは日本だけの経験ではない。環境アセスメントが政策決定過程でいかに機能しているかを分析したベン・ボーア教授(マクワイヤー大学、オーストラリア)によれば、環境アセスメントは、開発を正当化するために使われてきた実績がある (Ben Boer, "Environmental Values: A Role for the Law", 1983, March, 3rd Environmental Law Seminar, Singapore)。

　さらに報告書は、環境影響評価の法制化について、経団連及びいくつかの省庁による強い反対が存在すると指摘した(69頁。1983年4月現在、この法案が国会を通過する可能性は薄いと報道されている)。

　住民による規制の方法として、直接行動と法的行動があると報告書は言う(66頁)。

　成田空港の反対運動や四大公害裁判から上記の方法を分類したと考えられるが、実際はもっと多様な住民による規制の方法が存在するので補足しておこう。

　世論操作は、問題をマスコミにとり上げさせ、間接的影響を与える方法である。また、選挙、リコール運動により、環境問題を政治的争点とすることもできる。さらに住民監査請求、条例制定運動、公開質問状、代替案の提出、

シンポジウムの開催、新聞の出版、配布などさまざまな方法が駆使される。

報告書は、1960年代の終わりから1970年代の始めの反対運動の対象は私的開発であったが、1977年ごろには、公共事業が反対の対象とされる傾向があると言う(66頁)。この指摘は、1983年にも引き続き妥当するのではないか。

報告書は第Ⅷ章「結論」で、汚染に関しては成果があったが、環境の質については、むしろ悪化していると指摘する。

したがって、今後の課題は、快適な環境の創造である。環境の質とは、「アメニティー」とも呼ばれ、静かさ、美、私的空間、社会的つながりやその他計測できない生活の質をさすという(114頁)。

快適な環境の創造は、

① 汚染を招くような開発を抑止すること。

たとえばテクノロジーアセスメント(technology assessment)や環境アセスメントが考えられる。

② 環境上好ましい開発を促進すること。

この方法は、まだ見つかっていないが、土地利用計画が重要なカギである。

住民参加のための組織が、今後の環境政策において基本となる。関係住民を含めた住民参加で、長期的、間接的費用の予測が容易になると指摘し、日本において住民参加の制度化の可能性がある、と結んでいる。

住民参加は互いに合意を形成する過程であり、積極的な意味がある。汚染の防止はもちろん不可欠であるが、住みやすい快適な環境の創造こそが今、課題となっている。それには住民の合意が何より大切という本書の指摘は正当である。

第 2 部　地域での取り組み

第3章　原子力発電所と住民運動

　福井県敦賀湾、若狭湾では、1978年2月現在、7基の原子力発電機が稼働している[1]（総発電量485万KW）。さらに2基が建設中、そして、2基の建設が予定されている（図1参照）。2002年4月現在では、14基が稼働している。
　若狭湾では原子力発電所設置に反対する住民運動が細々と火を燃やし続けている。原子力発電所設置反対若狭湾共闘会議がその火の1つである。この団体は敦賀市、小浜市や大飯町の市民団体や労働組合の連合体であり、地道な努力を続けている。この共闘会議の中でも、とりわけ原子力発電所設置反対小浜市民の会（以下小浜市民の会）の運動が印象的である。しかし、関西電力は、原子力発電所の安全性の宣伝に努め、また福井県庁、県議会、および地元の有力者、市ならびに町に積極的に働きかけてきた。地元有力者、保守政党、福井県庁等は関西電力に協力的な姿勢をとっている。
　巨大開発に対する批判、反対は現代の工業国においてますますさかんである。歴史上に前例のない規模で環境を変更しようとする開発は、住民運動によって、その価値を問われている。原子力船むつはむつ市から追放されたし、愛媛県では伊方原子力発電所設置許可取消が裁判所に訴えられている。
　西ドイツ、オランダやフランスでは、原子力発電所に対して住民が激しい反対デモや座り込み等を繰り返し、各政府は建設計画を修正せざるをえなくなった。またスウェーデン、オーストリア、イタリアでも、原子力発電所建設の是非が問われ、原発の廃止が決定された[2]。巨大科学技術を駆使する原

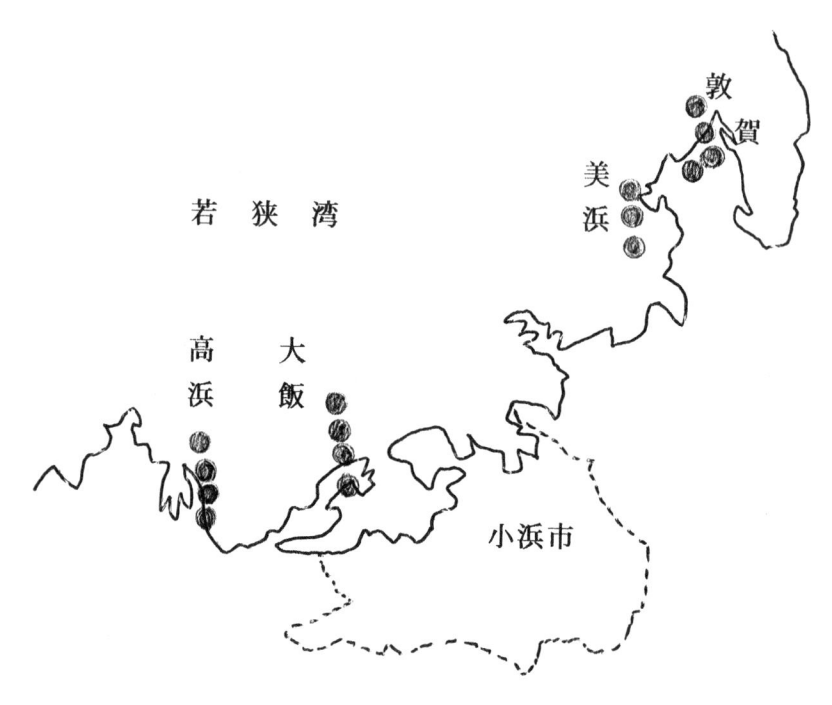

図1　若狭湾に集中する原子力発電所

子力発電所建設と、安全で快適な生活を望む住民感情がもろにぶつかり、開発と環境とが相剋している。

本章では、小浜市民の会の主張と行動を紹介しつつ、現代社会における開発と環境の相剋を個別的具体的に吟味したい。

1節では、福井県の原子力発電所誘致に至るまでの一般的な背景を述べ、2節で、小浜市民の会の運動を取り上げる。3節で、やや普遍的に住民運動と開発、環境のかかわりあいを論じよう。

1 福井県と原子力発電所誘致

昭和38年、東海村で1号炉が動き始めた頃、産業および人口の停滞に悩む

福井県は、原子力発電所の誘致に熱心であった。福井県議会は誘致の決議をなし、かつ電力会社に敦賀半島の立地調査を提案した。この半島の先端部の立地条件が望ましいとされ、県は土地開発公社を設立し、土地の買収にあたらせた。県はこの他、住民の死の灰への恐怖を除去するため、見学会、講演会を開いた。敦賀原子力発電所設置の決定後、県議会は『原子力平和利用に関する宣言』を行い、福井県民の総意として、「進んで原子力平和利用諸施設を受け入れる」ことを宣言した[3]。

このような動きに呼応して、若狭湾岸の有力者および市(町)議会、市(町)長等は誘致運動を始めた。地元に対する関西電力の働きかけが活発に行われていたことはいうまでもない。

2 小浜市民の会立ち上がる

原子力発電所誘致運動は、小浜市をも例外としなかった。1969年の秋、小浜市に誘致の話が持ち上がるにおよんで、まず内外海漁業協同組合が反対を唱えた。原子力発電所の排出する温排水、海水の放射能汚染により、最も打撃を受けるのが漁業である以上、当然の反応であった。しかし、保守系議員や市長および有力者は誘致に興味を示し、誘致運動を始めた。1971年、若狭地区労働組合評議会は、定期大会で、原子力発電集中化、廃棄物処理場設置反対を運動方針に加えた。

この若狭地区労評の動きに前後して、1971年12月、原子力発電所設置反対小浜市民の会が結成された[4]。この組織は、若狭地区労評、県立高校教職員組合、宗教者平和協議会、部落解放同盟、原水協等の連合体である。

何故、小浜市民の会が立ち上がったかについて、小浜市民の会は次の三つの理由を上げた[5]。

第一に、なぜ若狭湾に原子力発電を集中するのか、という理由が住民として理解できない。第二に、観光と漁業で成り立ってきた若狭湾に、原子力発電所建設が壊滅的打撃を与えるという恐れがあることである。第三に、原子

力発電の安全性に疑問があるとしている[6]。

　1977年3月24日、小浜市民の会は、小浜市長と市議会議長に安全協定（立ち入り調査権等6項目を含む）を関西電力との間に結ぶように陳情を行った。小浜市の行政区域内には、原発はないが、隣の大飯町には117.5万kwの加圧水型原発2基が、もうすぐ作動する状態にあるからである。また、西隣の美浜町にある2基の原発も、小浜市民の会にとっては気になるところである。

　これにさきだつ1974年3月、小浜市民の会は、「小浜への原発誘致反対と若狭湾への集中に反対する決議」の請願を市議会に行った。有権者総数2万4000人中、1万3000人の署名を集めた。この請願書は、まず7人からなる総務委員会に付託された。このとき、小浜市民の会は委員会に傍聴を求めたが、委員会は20分しか傍聴を許さず、傍聴人を締め出してしまった。小浜市民の会の人々は、廊下で総務委員会の審議を見守ったという。市会本会議の傍聴のため、小浜市民の会の人々が席を埋めつくした。しかし、保守派が多数の市議会における請願の運命は最初からわかっていた。多数の傍聴人の圧力が感じられたのか、不採択に賛成した議員は、自信のない手の上げ方をせざるをえなかったという。

　市議会における請願の不採択決議にもかかわらず、市長は原子力発電所を小浜市に受け入れないと説明するに至った。請願の目的は一応達成されたのである[7]。

　小浜市民の会の運動は、原発誘致をしていない段階で誘致の是非を問う形で展開された。当該地区の自治体が、反対を表明すれば、関西電力といえども進出は難しくなる。そこで、自治体の態度決定をめぐって、住民運動と関西電力とが種々の戦術を展開するのである。小浜市においても、関西電力は相当の工作を小浜市の有権者や議員に行ったであろうことは、大飯町（隣町）の例からも容易に想像される所である[8]。

　議会は住民の代弁者であり、市役所の理事者は市民の公僕であるというのは神話であることを、小浜市民の会は身をもって知った。代議制民主主義の空洞化を理解していた小浜市民の会は、考えられるあらゆる手段を用い、直

接的な住民参加を試みたのである。すなわち、直接請求、市議会の委員会傍聴請求、本議会傍聴、陳情、ビラまきなどである。

　仕事で忙しい住民が、何故、議会や市長の代わりに、放射能の危険を説明し、安全対策の確立を要求し、誘致に疑問を出さなければならないのかと、小浜市民の会は苦笑する。小浜市民の会は、「形骸化」した代議制民主主義を問い直しているという。

　小浜市が人口3万4000人の比較的小さな、従って住民の参加がより保障されやすい規模にあったこと[9]、放射能がいまだ科学的にみて絶対安全であるという保障がないこと等の理由により、誘致返上の市長判断が比較的容易に導かれたものと、考えられる。

　小浜市民の会は、防災計画が市の段階で行われることを希望している。ところが、末端の自治体は何も施策を考えておらず、防災は県に委ねられている。が一方では、県の原子力対策室（企画開発部）には、原子力の専門家は1人しかおらず、かつ安全対策を担当する課もない。県には権限がないので、国なり関西電力の方でやるべきだと、県は主張する[10]。

　安全協定が四つの市および町と県、関西電力の間に結ばれているが、これは三者の幹部が一方的に決めたものであり、一般の住民に相談がなかった。小浜市民の会は、こういった安全協定締結過程の実態をよく認識しており、小浜市長への陳情には、「住民参加」条項を入れている。

　第三に、市民の会は事故時の想定のもとに、半径Xキロメートルの地区を決め、その地区内の住民に意見を言う権利を認めるべきであると主張している。原子力発電所の地元および町だけでなく、隣接地区の影響を受ける地区をその範囲に含めるべきであるという。現在の原子力発電所は、平時の安全性しか考慮していない。それだけ危険範囲が狭く限定されるので、発電所の建設費用は安あがりということになろう。

　大飯町の原子炉は、アメリカのウェスチングハウス社製であり、アメリカから技師が来て指導している。その技師達は、原子炉より10キロメートル以上離れた所に住んでいる。また、高浜町にしてもそうであるという。何故、

技師が原子炉近くに住まないのかという疑問を住民は持っている。

環境影響評価(アセスメント)については、住民に誘致に関する判断の機会、さらには原子力について学習する機会が与えられるので、実施が望ましいという。その対象範囲は地元だけでなく、隣接地区や影響を受ける地区も含むべきであるという。

開発者の札束の攻撃に対抗する道は、学習する機会を得ることしかないと、小浜市民の会はいう[11]。柏崎(新潟県の原発予定地)や小浜市民は学習をしたという。他地区では、その学習の機会が十分でなく、札束が勝ってしまったのではないかという[12]。

開発者(電力会社)側の現地調査は、今日議論されている環境影響評価ではなく、発電所の立地調査である[13]。地質学、海流、地形等、発電所をどう設計するのかという調査に過ぎない。従って、住民側にとって、立入調査がなされるということは、発電所の設置を黙認することになると、私は考える。地元の反対派が立入調査に反対するのは、その意味で当然であろう。

3 住民運動と開発、環境

上記に述べた住民運動は次のような効果をもたらしているのではなかろうか。第一は、運動が政治教育の場を提供しているという点である。間接民主主義がいわゆる職業的政治家の私物と化している状態において、原子力発電問題を自らの生活の問題と考える住民が、自治体の意思決定過程への参加を要求し始めた。ただの住民(素人の政治家)が、自らの要求を掲げ、他の多数派(職業的政治家や公務員、沈黙する大衆)を説得しようと動き出したのである。その運動過程で、行政機関のしくみや政策決定過程等を体験的に学習することが可能となったのである。

代議制民主主義には、主権者(住民)による不断の監視が必要であることを語っているようである。政治は、人に任せきりにしてはいけないのである。

第二に、環境保全の要求を他に認めさせるには、住民はそれだけ環境に関

する知識を得ていなければならない。そのためには、専門家に教えを請うたり、読書会等を開いたりして、学習意欲を高くもたなければならない。住民運動を契機に、環境に対する認識が高まるのである。

　第三に、これら運動が究極的には、現代の諸価値を問うていることになると思う。すなわち、科学技術の適用、政治体制、法律、行政組織、開発計画に対して、鋭い疑問を提出しているのではなかろうか。こういった問題提起は、社会通念に挑戦しているため、必ずしも支持者は多くない。しかし、将来の社会づくりへの参考資料を提供しているのではないだろうか。

　福井県大飯町の原子力発電所の建設が進むに連れ、大飯町の町づくりの会の運動は尻すぼみになってきたという[14]。一方、小浜市民の会は組織もしっかりしているし、次の目標も明確なので、運動に衰えはみられない。私は、大飯町住みよい町づくりの会が行きづまっていることを遺憾に思う。原子力発電所の稼働は、むしろこれからであり、将来の世代のためにも運動を積極的に続けることが望まれる。火種がある限り、理解者がでてくる可能性があり、同種の問題に悩む他地区住民に勇気と指針を与えることができるからである。

　私は、原子力発電所の問題は、その稼働後、ますます大きくなり、監視、防災、安全性を高める等の課題が山積みしていると考える。これらは、電力会社の独占事項ではなく、あくまでも関係地区住民の参加と監視が不可欠といえよう[15]。経営効率しか考えない電力会社は、都合の悪い情報を住民に隠す体質が強いからである。美浜原子力発電所の事故もみ消しはその一例である[16]。

　電力会社、政府や自治体は安全性の確保や住民の福祉の向上をどれほど考慮しているのだろうか。特に電力会社は、安全性の確保よりも、安全性の宣伝の方に力を入れているようである。また巨額の漁業補償や敦賀白木地区の1戸あたり1000万円(1976年)の補償金、執拗な安全宣伝は、原発の危険性を電力会社が自ら認めていることを暗示する。

　さらに、原子力発電所が政府や電力会社の主張するように安全であるなら、

なぜ、人里離れた比較的人口密度の低い地区に原子力発電所を集中するのであろうか。京阪神の人口集中地区の巨大な電力需要に追いつくためには、原子力発電所は不可欠とされている。しかし、福井県の原子力発電所周辺の住民が、放射能汚染の危険と不安を負担し、関西の人口集中地区の住民が、その利益を享受するという不公平と不公正が生じている。

　もう1つの疑問は、原子力発電所によって、年々作り出されるプルトニウムや放射能汚染物をどう処理するかについて、根本的な対策がない現状にもかかわらず、原子力発電所をどんどん建設しようとする電力会社および政府の姿勢である。放射能廃棄物を詰めたドラム缶は、増加する一方であるのに、それをどう処理するのだろうか。

　以上、述べた安全性への疑問、危険負担の不公平、死の灰の処理不可能性から、私は、住民運動の主張の正当性、妥当性を認めざるをえないと思う。

　このような疑問を正していく道は、若狭湾原発設置反対共闘会議や小浜市民の会のような地道な運動によるしかないと思う。生活実感に裏付けられた住民運動の主張は、巨大官僚機構の机上のプランに優る。電力会社や県の原子力技術に関する楽観的な安全性の宣伝を修正するのが住民運動であるからである。水俣や四日市の経験を忘れてはならないのである。私は、これら住民運動の行く方向を憂慮をもって見守るものである。

注

1) 時事年鑑、1977年版、686頁
2) 長谷敏夫「暴走する日本の原子力エネルギー政策」2頁。環境市民みどりのニュースレター2001年12月103号。
3) 1963年9月28日、議会で成立。
4) 1977年3月24日、筆者は、小浜市の若狭労働組合評議会で、若狭湾共闘会議および小浜市民の会について、中嶌小浜市民の会事務局長から話を伺った。中嶌哲演氏は、小浜の明通寺(806年建立)の副住職(当時)であり、小浜市民の会の指導者でもある。中嶌氏は、アメリカの環境保護団体シェラクラブを想像させるような人物である。
5) 中嶌事務局長談、1977年3月24日。
6) 大飯町住みよい町づくりの会代表永谷刀祢氏も安全性の保証のないことを指摘する。美浜、高浜原子力発電所事故の原因が不明であること、原子力行政に対する不信、関西電力の秘密主義と単純かつ幼稚な安全宣伝等が一部住民に不安を与えている。一方、京都大学農学部遺伝学教室の市川助手は、高浜原子力発電所から排出されている放射性気体が、風下の地区を汚染していると報告した(読売新聞、1977年11月7日)。市川助手はムラサキツユクサの放射感受性を利用し、原子力発電所周辺の汚染を調査したという。
7) 1975年、市電撤廃反対の調査請求が京都市議会の審査に付されたが、23万人の署名(有権者100万人)も議会に拒否され、不採択となった。大飯町では誘致派の町長のリコール運動がおき、町長は辞職した(1972年)。
8) 大飯町住みよい町づくりの会永谷刀祢氏は、大飯町における関西電力の切り崩し工作の巧妙さを指摘される。徹底的な安全性の宣伝、関電職員の大飯町での買い物奨励、地区の公立学校への寄付、道路や橋をつけること、関電モニター制度等である(1977年3月23日)。
9) 片岡寛光著『行政国家』304頁。1976年9月、早稲田大学出版部。
10) 福井県庁企画開発部原子力対策室甲氏談(1977年3月23日)。
11) Ibid. 中嶌氏。
12) Ibid. 中嶌氏。
13) 敦賀原子力発電所内の松の木はもちろん、付近の樹木の伐採も厳しく禁止されているという(中嶌氏談)。発電所当局は環境影響評価を恐れているようである。
14) Ibid. 中嶌氏。
15) 県、地元の市および町と関西電力の安全協定は、県、地元の市および町の立入調査権を規定する(協定書第6条)。しかも、地元住民の立入調査については、単に同行を許される範囲内のものである。すなわち、知事と地元市(町)長が協議し、決定した者が「住民」として、立入調査に同行できる(協定書の運用に関

する覚書第5条)。但し、「地域住民の健康および生活環境に著しい影響を生じたとき」か、「著しい影響を及ぼすおそれがあるとき」に限定されるから、実際に住民が立入調査をする機会は、事故でもない限り認められないということになる(協定書第7条)。従って、今後、住民参加を徹底することが課題となろう。

16) 1973年3月、美浜原子力発電所1号炉の燃料集合体から折損燃料棒2本が発見されたが、関西電力はこれを公表せず、3年後、その事故を隠していたことが初めてわかった(京都新聞、1976年12月19日朝刊)。

第4章　開発と環境

1　京都市西部開発計画をめぐって

　私はかねてより、環境の破壊は開発によって引き起こされるのではないかと考えてきた。開発が人間の環境に対する破壊的な行為であり、生態系のバランスの変更を伴うものであれば、環境と調和する開発というものはありえない。すなわち開発という価値と環境という価値は、究極において鋭く対立するのではないか。開発に反対する住民運動は、この「開発」対「環境」の図式を鮮明にする。

　静かで景色のよい大気の汚染も少ない土地に平和的に暮らしていた住民が、ある日突然、道路の建設・大量の自動車通行にみまわれるとき、住民はいかなる社会的反応を示すのか。その反応に対し開発行政機関はどう対処するのか。開発が地域住民の生活環境の破壊を引き起こしつつある時、住民が立ちあがり、住民本位の街づくりを提案する過程を京都市西京区の例を見ながら述べるのが本章の目的である。そこでは住民による独自の住民運動や環境影響評価(以下環境アセスメント)が新鮮な議論となる。

　京都盆地の西部に西京区がある。西京区のうち大原野、大枝、桂地区が地形・交通の便・宅地化の容易なことから、市の西部開発計画の中心地区とされる。この地区の人口は1985年に、1975年の3.4倍の18万人になると推計さ

れている[1]。この人口推計に基づく開発計画は、ニュータウン建設、道路整備をその核とする。

洛西ニュータウン建設は、京都市が実施主体となり、人口4万4000人収容を目的とした団地開発である。1969年より土地買収を始め、1976年入居開始、1980年完成予定となっている。

ここで本開発計画の問題点を6つ指摘し、それが住民運動の引き金となったことを示そう。

(1) ニュータウンの人口密度は1万6000人である[2]。現在市内のどの区を探してもこれほど過密なところはない。過密都市の危険性、居住性の悪さは繰り返すまでもない。
(2) ニュータウンの本質的な特性として、働く場所が必要であるが、本計画は、工場や事務所の空間を取っていないから住民は旧市内や大阪へ通勤しなければならない[3]。市当局は、本ニュータウンが都心部へ10キロ以内の位置にあるから通勤しても問題はないという。しかし、通勤客の足確保のために多額の公共投資が必要な他、道路整備の結果、大気汚染、騒音、振動の問題、交通事故の発生など社会的費用が増大する[4]。
(3) 仮に住民をすべて通勤させるとしても、大量公共輸送手段を同時に整備すべきであったのに、輸送手段を考慮しなかった。マイカーとバス輸送に頼るという長期的視野を欠いたいきあたりばったりの対策しか取っていない。これは公共投資を最小にする政策でしかない。
(4) 本開発は、食料の重要な生産地を274平方キロメートルにわたり消滅させ、その跡地に人口4万4000人のエネルギー、資源の消費地帯をつくるものである。これは農業の衰退にいっそう拍車をかけ、食糧自給をいっそう困難にする。造成された土地は、草一本ない砂漠と化し、地形や川の流れまでも変更された。これは一種のエコサイド(生態絶滅)である。

ここでニュータウンの基本的計画作成は工学部系の専門家のみによって行われたことを思い出さねばならない。生態学者は1人も参加していない

こと、住民参加もなく、もちろん環境アセスメントも行っていない点は大いに問題である。

(5) 農地の食いつぶしは、ニュータウン計画用地にとどまらず、道路整備のための周辺部の農地をも食いつぶす結果を生む。また市街地での道路整備のため立ち退いた人口が、他地区の農地を宅地化する、いわゆる開発が開発を呼ぶ状態を引き起こす。特に問題は、ニュータウン周辺の市街化調整区域の宅地化である[5]。都市計画法の網をくぐり、あるいは都市計画法を無視して、農地が宅地となっていく現象が顕著である。市当局はこれらの違法な宅地化を積極的に取り締まろうとはしない。

このことは、洛西ニュータウン建設について「放っておけば無秩序に開発され、スプロール化する」ので「計画的に開発する」という市側の説明を無意味ならしめる[6]。確かに放置するよりは、計画的に開発したほうがよいとする議論は、一見説得力がある。ただ問題なのは、ニュータウン建設が周辺地区のスプロール化をいっそう促進している事実である。また、ニュータウン自体が高層の画一的な建築物を中心とする以上、将来、スラム化しないという保証はどこにもない。

(6) ニュータウン建設の動機は、過密化した大都市を分散させ、巨大都市の膨張を他へそらすことにあるとロブソン博士は指摘する[7]。しかし、本件の場合は京都市の誇張をいっそう促進するわけであるし、都心に流入する人口を増やすだけではなかろうか。

洛西ニュータウン建設に伴い、通勤客を都心へ運ぶ道路整備が不可欠になる。市の道路整備計画は、国道9号線を2倍に広げること、ニュータウンからのバス発着場となる桂駅（阪急電鉄）西口に広場をつくること、西京区内に網の目状に道路を整備するというものである（図1参照）。

洛西ニュータウンをつくるまでは、反対運動がなかったが[8]、その通勤客の足の確保を目的とする道路およびニュータウン近隣の阪急桂駅周辺を整備するという段階になって、桂駅周辺住民が立ち上がった。1973年、市側は阪

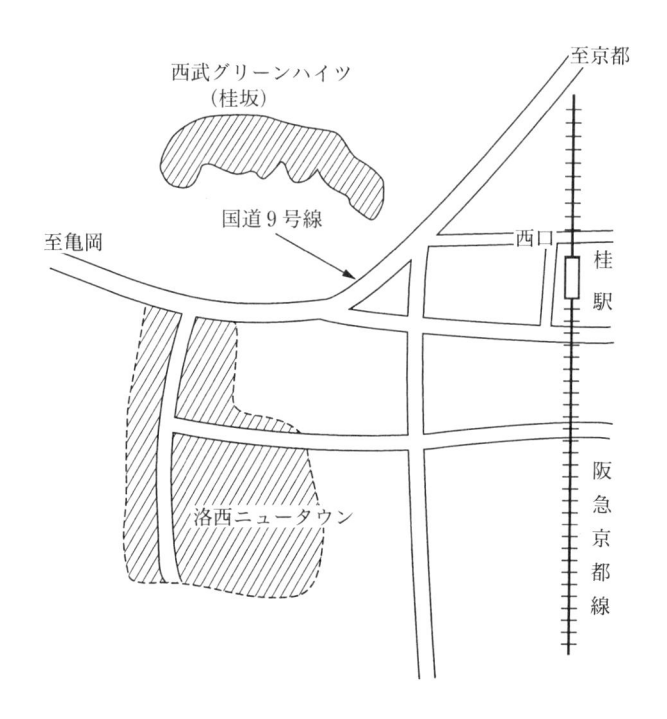

図1　洛西ニュータウン近辺図

急桂駅西口周辺整備計画を発表し、建設局に桂駅周辺整備室を設け、事業を開始した。この計画は静かな住宅街に数本の道路を通し、駅前に5000平方メートルの広場を設け、ピーク時70台（1時間）の通勤バスを乗り入れさせるというものである。住民は桂駅周辺整備計画反対委員会を結成し、市側と交渉を始めた。

　住民側の要求は、桂駅周辺整備計画および洛西ニュータウンの基本計画について、住民の要求する手続きのもとで環境アセスメントを実施すること、その結果、安全と判定されるまで開発を中止し、再検討すること、住民参加のもとに計画を樹立すること等であった。

図2 桂駅西口を眺める

　交渉ははかどらず、住民側は1974年6月、京都弁護士会に調査を依頼した。第二に、事業の許可権を有する知事に事業認可を保留し、環境アセスメントおよび計画の再検討を命じる旨の請願を行った。さらに市議会に対し、環境アセスメント実施およびバスにかわる新交通システム（モノレール等）の研究を請願した。その結果、京都弁護士会は住民の要求を認める旨の意見書を市長に提出した。1974年12月に至り、住民側と市は協定を結んだ。その協定により、市側は環境アセスメント実施および新交通システム導入検討委員会設置を約束した。

　しかし市側は住民の要求する環境アセスメントの方法論を用いず、一方的に調査を外注した。したがって環境アセスメントに住民を参加させること、または住民の指名する委員を調査団に参加させるという要求は一蹴されてしまった。調査を依頼されたのは「システム科学研究所」という洛西ニュータウンの基本計画を作成した団体の関連機関であった。そのために住民側は公正な調査ができないと批判する。住民側は調査にあたった科学者名の公表と調

査結果が信頼するにたる理由を要求し、さらに公開討論会を申し入れた。それに対し、市側はこれら住民の要求をすべて拒否し、調査を強行した。

　調査は駅の東西500メートルと南北1000メートルの範囲内で、大気汚染、振動、騒音についてのみ調査した。住民側は調査区域が狭きにすぎることおよび調査項目については住民の生活体験、社会環境、文化環境等が包括されていないこと、さらに住民参加が実現されなかったことを批判した。さらに調査の前提となる推計人口を洛西ニュータウンの4万人のみとした点からも、住民側が正当に指摘するように環境アセスメントが根本的に誤ったものであることが実証される。なぜなら洛西ニュータウン北側に別のニュータウン（人口2万人）が計画されているが、本環境アセスメントの調査結果を大気汚染、騒音、振動ともすべて環境基準を下まわると評価したからである。いったい市側に次のような通常かつ自然な発想をする人がいるのだろうか。すなわち、環境基準を別として、1時間に140台のバス運行が道路脇の住民にとって何を意味するかということである。

　市は環境アセスメントの結果報告書を内部資料として、一般市民に公開しないという、批判を回避する方法を取った。しかし結果報告書は住民の将来の生活に重大な影響を与えるものであり、裁判所の判決書のように公開の扱いが当然だと思う。報告書の非公開はことなかれ主義のあらわれという以上に、環境アセスメント自体に科学的欠陥があるのではないかという疑問を起すことになる。

　また新交通システムについては、経費、安全性、景観保護の観点から実用化できないと市は発表した。経費は社会的経費を算入せず、建設資金のみの大きさを問題にしているにすぎず、説得力がないと私は思う。モノレールが景観の破壊というなら、ニュータウンの高層住宅や網の目のような計画道路はすべて景観の破壊になってしまうであろう。

　市は環境アセスメント結果の肯定的評価や新交通システムの否定により、自らの開発計画の妥当性を強調した。これは、ニュータウン建設計画、交通政策の再検討を行うこともなく、最初に決定した通り行うということにほか

表1 アセスメントの調査項目・範囲・住民参加について

	住宅側提案のアセスメント(1)	市側実施のアセスメント(2)
調査項目	1　自然環境 　　地形／動植物相／昆虫相／気象／住民体験／農業／水 2　社会的構造 　　人口密度／分布／行財政土地利用計画／保全計画／健康調査／生活／歴史／文化／景観／経済的特性 3　環境汚染状況 　　汚染因子／固定発生源／移動発生源／特定施設規則／汚染パターン／住民感覚／植物変化／騒音等	①大気汚染 　　CO 69ヶ所／HC 69ヶ所／NO₂ 10ヶ所／N-CHO 3ヶ所／ふんじん 10ヶ所 ②騒音 32ヶ所 ③振動 2ヶ所
範　囲	洛西ニュータウン、西京区の計画道路全体を含む範囲	桂駅を中心とする東西500メートル 南北1000メートル
制　度	調査項目については住民と協議し決定すること。アセスメント検討委員会で調査を行う。委員会に住民側選出の委員を四〜五人入れる。 代替案の検討。	システム科学研究所に委託

(1) 桂駅整備計画対策委員会資料より引用
(2) 「阪急桂駅周辺整備に伴う環境予測調査」京都市開発局

ならない。それでは、環境アセスメントや新交通システム検討委員会設置は、住民運動を騙し、時間を稼ぐためではなかったのだろうか。市側の検討過程に住民の参加が認められなかったことはその疑惑を濃くする。

　いったん開発を決定した勢力は決して容易にそれをあきらめず、あくまでも開発を計画通り実行しようとする。フィードバックのきかない巨大な行政機構は行政学の基本原理であるが、その原理が本件にもみごとに機能している。さらに、洛西ニュータウン建設が市長の公約であること、開発局、建設局、都市計画局、交通局が開発という仕事の喪失を恐れ、開発の中止、変更に抵抗すること等が理由としてあげられる。他方、衛生局の一部局にすぎない公害対策室が十分な発言力を持たないことをあげざるをえない。公害対策室は、現実に公害対策基本法第2条の定義する公害が発生し、相当な範囲に被害が生じなければ動けないという。本件の環境アセスメントについても、その発注さえ知らされていなかったのである。

さらに市当局のたくみな情報操作により、市民が市の開発計画のバラ色のイメージのみを印象づけられ、それ以外の市当局にとって不都合な情報を知らされていない点を指摘したい。市側による阪急桂駅周辺整備計画の環境アセスメントの結果は、一般市民に公表されていない。ニュータウンのパンフレットは、自然豊かな街を装い、破壊される前の竹やぶや田園風景がのっている。

本件の住民運動は政党色がない。請願書を出すときも、5党派の地元議員を紹介議員とした。本件は生活の問題であって、政治の問題ではない。批判すべきは市の開発計画、開発機関および市の政策決定者の古ぼけた発想であると主張する。

第2に本運動は単なる反対運動ではなく、新しい対策を提案していることである。環境アセスメントでは、調査方法および住民参加原則を掲げ、バス運行の代案としてモノレールの導入を、そして整備計画では楽しく歩ける街建設を提案している。これらの提案には弁護士や都市計画、衛生工学の専門家の支援と住民の熱心な研究がその基礎となっている。資金、人員、組織とすべての面で市の機構の方が優っているにもかかわらず、市当局はこれら住民の要求に学問的科学的に回答できないでいる。

第3に自分たちの街のみならず、洛西ニュータウンの環境アセスメントおよび道路整備計画、さらには自然体の都市交通計画の再検討を求めている点である。

第4に住民運動自体は自らの生活体験をもとにしている。だから、市当局の画一的かつ独断的な机上プランとは対立しがちである。この住民運動は西京区における唯一の住民運動であり、そして希望である。市当局が自らの広報出版物や商業新聞を通じ、繰り返し宣伝している「緑豊かな街づくり」をこういう住民運動が実践しようとしているのは皮肉なことである。

この住民運動は、このように市の西部開発計画に大幅な修正および変更を求めているが、市の硬直した組織および政策の前に、十分な成果を発揮できないでいる。しかし、この運動によって、市当局は街づくりについて、ある

程度の再検討を余儀なくされた。すなわち、環境アセスメントを行わざるをえなかったこと、新交通システムの検討を行ったことがそれである。ただし、市当局は住民参加を拒否したことにより、独断的という評価を免れることはできないだろう。住民参加なしで得られた結果が説得力をもつことができないのは自明である。

　この桂駅周辺整備計画に関する今後の紛争の見通しは次のようになると考えられる。市当局はニュータウン建設およびそれに伴う人口増加を既成事実として、道路整備事業を強行実施するであろう。先に述べたように、フィードバックの困難な市の行政機構がまず第1の理由である。しかしさらに大きな理由は開発に対する環境保護計画を市が持たないことである。1973年に作成された京都市公害防止基本計画が机上のプランにすぎなかったことが、本件を通じて明確となった。しかもこの公害防止基本計画は開発が環境の破壊を伴うという基本認識を欠いている。このような公害防止基本計画が有効に機能するとすれば、まさに本件のごとき開発計画立案の段階においてである。このことは人間環境宣言の謳うところでもある[9]。しかし、開発計画と公害防止基本計画はまったくバラバラに、すなわち相互に独立してつくられ、異なった執行機関の管轄下にある。

　住民運動に遭遇して示された市当局の対応および市の西部開発計画は次のような推定を可能にする。それは自動車に対する認識が甘いことである。地区内の道路はその数を多くし、幅を広げるように計画されている。京都市の大気汚染(NO_2・SO_2 オキシダント濃度)は環境基準をすべて上回っている状態にもかかわらず、なおより多くの自動車を、都市計画上、走らせようとしている[10]。

　市は開発計画および環境アセスメントについて、住民側の提案を謙虚に学び、住民と共に立ち上がるべきである。とりわけ住民参加の積極的な導入が本命であると思う。住民運動を説得するばかりが市の仕事ではなく、住民の主張が正当なときには、逆に説得されることも仕事と考える必要がある。ましてや市当局が、環境悪化の著しい地区の例を引き合いに出してまだましで

あると言ったり、市全体のために我慢せよと言うような受忍限度論ないし全体主義論を、住民説得の理由にすることは民主主義の理念にも反するところである。民主主義の真髄はたとえ1人でも正当な意見を主張するならば、それを尊重するところにあるからである。

権威や面子による行政よりも、実態に即した柔軟で合理的な行政が望まれる。特に本件においては、開発を急いで、環境上、重大な失敗を犯すより、時間をかけて環境保全に十分な配慮を払う方が遥かに賢明であろう。一度破壊された環境は、決して復元できないからである。それはまた将来の世代に対し重大な損失を強いることになるからである。阪急桂駅西口整備対策委員会はこのことを、社会に強く訴えているように思う。彼らの実践に裏付けられた主張は、環境の保護を訴えるマスコミ出版物等よりも遥かに説得力があるのではなかろうか。

2 琵琶湖総合開発事業と環境権訴訟

1 総合開発事業への道(1951年〜1971年)

琵琶湖の利水、治水事業は、明治以来なされてきたが、現在の利水関係を基礎づけたのは、1943年から1952年まで行われた「淀川河水統制第一事業」であった。これにより琵琶湖の利用低水位はマイナス1メートル、平均利用水量、120立方メートル／秒とされた[11]。

戦後日本復興の一環として琵琶湖総合開発の諸計画が提案されたのは、1951年であった。近畿地建、関西電力、滋賀県などの諸案があり、電源開発を中心にすえていた[12]。

1953年に国土総合開発法第14条により、琵琶湖地域が国土総合開発地域に指定された[13]。電源開発の他に、琵琶湖の湖面低下、下流需要用水の総合調整が調査されることになった。1959年、滋賀県は、「琵琶湖水政に関する基本的な考え」を公表した。滋賀県の立場の尊重と完全な補償、県の開発促進を内容とするものであった[14]。この立場は、琵琶湖総合開発計画(1972年)に

至るまで一貫している。1961年、水資源開発促進法、水資源開発公団法が制定され、淀川水系も「水資源開発水系」に指定されたが[15]、滋賀県は琵琶湖の指定に反対した。このため琵琶湖は棚上げされ、その後の調査を待つことになった。1964年、河川法が改正され、水系主義のもとに琵琶湖は淀川水系の一部とされ、一級河川として、国の管轄に入ることになった[16]。しかし、滋賀県の抗議によって、特例として知事に管理が委任された。

　1964年9月、建設省は「琵琶湖開発構想」を非公式に発表した。それは堅田・守山間を締め切り、北湖マイナス3メートル、南湖マイナス1.4メートルとする案であった[17]。滋賀県は、南湖、北湖の分離、マイナス3メートルの水位低下という点に反対した。建設省は1968年、この案を撤回した[18]。

　1966年、滋賀県は、開発に関する特別立法を国会に要請、行財政制度の確立を求めた。1967年、県水政審議会がまとめた「総合開発基本構想」を、翌年、県は具体化し、第一次案とした[19]。湖水低下に伴う被害補償は、地域開発に寄与するものでなければならないという考え方が示されている。1969年、建設省、経済企画庁、滋賀県は協議を開始した。1970年、淀川下流域に琵琶湖総合開発促進協議会発足、政府も総合開発に関し4億円の予算をつけた[20]。そこで滋賀県は、同年12月、「琵琶湖総合開発に関する基本的な態度」を発表した[21]。水位変動については、琵琶湖の自然保全を基調とし、かつ地域開発に貢献しなければならないとする。さらに財源については、国に特別の措置を要求し、下流開発団体の費用負担を求めた。

　1971年2月、近畿整備本部の中に「琵琶湖総合開発連絡会議」が設置された[22]。同年10月、政府と滋賀県は事務折衝を12月21日までに7回行った。総合開発計画は具体的になっていった[23]。しかし、琵琶湖の利用水位がマイナス1.5メートル以内と主張する滋賀県とマイナス2メートルを主張する建設省、下流団体は容易に妥協できなかった。

2 合意成立(1972年)

　1972年1月9日、自民党総務会は、琵琶湖総合開発特別措置法の法制化を決

定、これを受けて政府案が作られた[24]。1972年3月に入り、2回、建設大臣と大阪府知事、兵庫県知事と滋賀県知事の会談で妥協がはかられたが、利用水位に関して対立が解消されなかった。そこで3月27日、自民党近畿圏整備委員長を加えたトップ会議を都内ホテルで開き、やっと妥協した[25]。その内容は、新規開発量40立方メートル／秒、利用水位マイナス1.5メートル、非常渇水時は、関係府県知事の意見を徴し、建設大臣が洗堰の操作をするとの合意を得た[26]。

1972年3月28日、自民党総務会は、上記合意をうけ、本法案を閣議決定することにしたので、同日閣議決定された。そして本法案は同年4月1日、政府案として衆議院へ提出された(第68国会)。

ここで注目すべきは、本法案提出に至るまでの自民党の果たした役割である。当時は、佐藤栄作内閣の時代であった。滋賀県議会議員43人中、33人を自民党が占め、滋賀県知事も自民党を与党としていた。1970年6月、自民党政務調査会近畿圏整備委員会琵琶湖総合開発小委員会が動き出した。この委員会は、淀川下流代表者から考えを聴取し、さらに各省庁からも聴取を行い、1970年12月、「基本的な考え方」を発表した。本小委員会は1971年9月には近畿圏整備本部から総合開発計画の議案について説明を受けた。同年12月、本小委員会は、法案の大綱を提示、特別法の制定を政府に要望した。水位について合意ができない状態の続くなか、滋賀県は、自民党琵琶湖総合開発小委員会に折衝を一任した[27]。下流府県からも交渉を一任された本委員会は、3月21日、最終的な調整を行った。このように政府機関、滋賀県、下流府県の利害を調整し、政府案をまとめたのは、自民党の本小委員会であった。

1972年4月21日、衆議院建設委員会は、近畿圏整備本部長官の西村英一国務大臣より本法案の提案の理由、内容の概要を聞いた(第1回)。本委員会は、5月16日、4人の参考人を招き意見を求めた(第2回)。5月17日には、農林水産委員会、地方行政委員会、公害対策及び自然環境保全特別委員会の連合審査が行われた。開発法案なのに公害対策及び自然環境保全特別委員会が参加したことは、本法案の特殊性を示唆する。環境の保全が大きな問題であっ

たからと考えられる。

3 開発と環境をめぐって：琵琶湖総合開発特別法の修正

　滋賀県では、社会党、共産党、滋賀地評、滋賀中立が法案に反対であった[28]。大学の研究者らの作る琵琶湖研究グループは、開発を前提としている法案よりも、汚染防止の対策が必要であるとの声明を出し、衆議院に反対の陳述書を送付した[29]。第1回琵琶湖淀川シンポジウムが京都大学土木総合ホールで開かれた(1972年5月7日)。400人の参加者は満場一致で反対決議を採択した。
　5月16日の衆院建設委員会では、社会党が推薦した2名の参考人が反対意見を述べた。木村京都教育大学教授は、水質こそが重大な問題であり、総合開発は環境保全と両立しないと述べた[30]。さらに20年前の琵琶湖がきれいであったことの他、水位が1.5メートル下がれば、アユ、マスの産卵場が失われ全滅のおそれがあると、木村参考人は指摘した[31]。立川参考人(滋賀大教授)は、すでに自然の平衡が失われているので、その回復を計ることが第一で、法律を制定しないで欲しい旨を述べた[32]。
　他2名の自民党推薦の参考人は賛成意見を述べた[33]。
　衆議院建設委員会で審議が続いている間、社会党は法案に対し賛成なのか反対なのか結論を出せない状態であった[34]。5月18日では、水質汚濁対策が不十分という点で社会党は一致していたものの、党内で上流下流の対立が続いていた[35]。滋賀県社会党は反対の立場であった。党内で調整を重ねた社会党は、5月19日になって、修正案試案をまとめた。そして、5月23日、衆議院建設委員会理事審議会で各党の了解を取り付けるのに成功した。自民党の抵抗は少しあったが、自民党は予想外の妥協を行ったと報じられた[36]。24日の衆院建設委員会はこの修正案を可決し、25日の本会議もこれを認めた。本法案には共産党のみが反対した[37]。
　修正案の内容は、法の趣旨として環境保全を加えた点と、手続規定の中に知事の公聴会開催義務を規定した点にある。
　第1条(目的)のところで、「琵琶湖のすぐれた自然環境の保全」とあったの

を、「すぐれた」を削り、「汚濁した水質の回復を図りつつ」を入れた。

　この修正は、琵琶湖の水質、環境の認識に関して興味深い示唆を与える。総合開発計画を実施するにあたって、琵琶湖はすでに汚れているという認識が必要ということであり、そのために総合開発計画は、汚濁した水質を回復させ得るものでなければならないことになる。

　さらに第1条の目的の所で、「その観光資源等の利用」を削り、「関係住民の福祉をあわせ促進する」となした。ここでは、観光開発が具体的な概念であるのに対し、関係住民の福祉というたいへん曖昧な概念を挿入した。観光開発が環境によくない影響を与えるのではないかとの懸念がそれぞれの両院の建設委員会で表明されたことを合わせ考えると、この修正は、やはり環境への配慮を示したものと解することができる。

　環境配慮への第3の修正は、各条にあった「開発および保全」(4カ所)を「保全および開発」としたことである。開発一本槍の法案でないことを強調した修正である。しかし、順序を入れかえただけと読みとることも可能である。

　第4の修正は、「本計画が水質の保全と汚濁した水質の回復」について「妥当な考慮を払うべきこと」という条項を第2条2項として加えたことである。本計画の環境適合性を求めた条項である。琵琶湖環境権訴訟団も、この条項を諸工事差し止め請求の根拠の1つにしている。

　このように開発法案に「環境」保全の目的が合わせ規定されたことは、従来なかったことである。国連人間環境会議(1972年)はこの法案審議中に開催されていたし、前年の12月に公害国会が開かれて、公害諸法が改正、制定されたことを思い起こせば、公害への世論の高まりがあったと言えよう。社会党の賛成を得るためにも「環境保全」条項を本法案の趣旨をそこなわない範囲で認めることは必要な妥協であった。

4　開発計画と公聴会

　琵琶湖総合開発特別措置法への環境配慮規定の挿入は総論的、精神的規定にとどまった。ところが、総合開発計画決定手続に関しても修正がなされた。

その修正とは、公聴会開催、当該県の市町村長の意見聴取、県議会の議決の義務づけである（第3条）。開発計画の決定および変更に関して上記手続が義務づけられた。地元住民と地元市町村の意見を聴くことを手続的に義務づけたわけである。

そこで、県は琵琶湖総合開発計画公聴会規則を作り、この法の規定に対応した。県がある計画を作成するとき、公聴会を開くことは従来例がなかったということである。県は、1972年8月25日、公聴会開催の公告を行った。この規定による公聴会は、1972年9月11日、彦根市、同年9月12日、大津市で開催された。

公述人は、県民でなければならず、事前に意見を県に提出しなければならず、知事の認めた者のみが発言できる（琵琶湖総合開発計画公聴会規則、8月21日制定）。138人が申し込んだところ、74人のみが発言を許された[38]。発言時間は、1人5分以内であった。反対意見を述べた者は彦根会場で5人、大津会場で10人であった。両会場で行われた公聴会の時間は、合計6時間であった。

彦根市で発言した法岡多聞氏は次のように公聴会の形式を批判した。

「まず、最初にこの公述がわずか5分間、これは県の琵琶湖総合開発に対する態度が明確にこれに出ていると思うんであります。5分間で一体何が言えるのかということ」。

大津市の公述人岡田氏は、「知事の不出席と、それから全く形式的なこうした公聴会を持たれた県に激しい怒りを持って抗議しておきたいと思います」と発表した[39]。

1982年3月、琵琶湖総合開発特別措置法が10年延長されたので、滋賀県知事は、開発計画の変更をこの年行った。同年6月1日、滋賀県は「開発計画の変更」にかかわる公聴会を開いた[40]。36人が6分以内の制限時間内で発言した。このときは、申し込んだ者全員が公述を許された。

1982年3月、事業の進捗率は43.4％であり[41]、総合開発計画はもはや既成事実化していたためであろうか、公述人の数は36人のみであった。7人が、反対意見を述べた。その中の1人の公述人は、1974年の武村県知事の琵琶湖

総合開発計画に関する選挙公約を次のように引用した[42]。

(1) 40トンの新規利水を批判。
(2) 開発中心の考えを改める。
(3) 八橋の人工島の下水処理場を心配のないものとし住民と話し合う。
(4) 浄化センターは家庭排水のみを受け入れる。
(6) 湖周道路は不必要である。

ところが、開発による破壊が進み、湖の汚染も進んでいると氏は述べ、知事に対し、再度選挙時の公約の実施を迫った。

他の反対意見は、マイナス1.5メートルの利水に反対し、むしろ琵琶湖を満水(プラス36センチ)状態にすべきこと、河川改修に反対するもの、農村集落下水道や小規模な下水道をつくること、土壌排水を下水に入れないこと、アシを保護すること、管理道路を作らないこと、湖の人工化に反対する立場であった。

反対意見を述べた1人は、琵琶湖環境権訴訟弁護団の一員であった。滋賀県の住民の1人として発言したのである。いずれの反対意見も環境の悪化を理由とするものである。

滋賀県知事は、1982年、公聴会、県議会の承認を経て、内閣総理大臣に案を提出した。同年8月31日に、内閣総理大臣は、本計画を決定した[43]。

公聴会はこのように県が、開発計画の策定にあたり県民の意見を聴く趣旨のもとに開かれたが、形式的にまた儀式的に行われたのではなかったか。公述人の発言は一方通行であった。県側は聞くだけでよかったのである。反対意見も述べられたが、計画案そのものに公聴会の意見が反映されることもなかった。

県の開発計画に対する答弁は、もっぱら大津地方裁判所での訴訟の手続の中で行われている。この訴訟がなかったとしたら県は公聴会でしか反対意見を聞く機会がなかったのではなかろうか。

5 住民運動の影響

　反対運動はまず地元から起こった。湖南中部流域の下水処理場予定地の住民を中心とする「浄化センター反対期成同盟」「草津を公害から守る会」「矢橋から公害をなくす会」が動き出した。これらの団体による滋賀県知事との交渉が行われた。浄化センター反対期成同盟は、1973年10月8日、県、草津市との間で覚書の調印を行った。県は迷惑料として約3億2000万円を支払った[44]。この時点で地元の声は弱まり反対運動はなくなったかに見えた。

　このとき新手が現れた。それは大阪の辻田氏らの反対運動であった。魚釣りに来ていた辻田啓志氏は、1973年の夏の夕刻、矢橋沖での杭打ちを見、琵琶湖の水質に危険を感じた[45]。同年10月、辻田氏は琵琶湖の危機を訴えるビラ10万枚をまき旗揚げを行った。そして、大阪府民連絡会議という各方面の運動体の連合組織を作り、運動を広げた。辻田氏は大阪府、滋賀県と交渉を行ったが、相手にされず、1975年12月「琵琶湖環境権訴訟団」を結成した。大阪、京都、滋賀の住民1186人が原告となった。こうして1976年3月、大津地方裁判所に工事の差し止めを訴訟団は求めた。大阪弁護士会所属のある弁護士は本件訴訟がかえって悪い前例となることを理由に弁護を断った[46]。しかし、その後京都弁護士会の若手弁護士は、あくまでも訴訟が運動の1つの方法ならという条件の下に、研究会を重ねた後、弁護人となった[47]。

　辻田氏らの反対運動は法廷外でも次々と展開され総合開発の問題点を世論に訴え続けてきた。1978年11月に「河川湖沼を開発、破壊から守るための全国集会」を主催したのはこの運動体であった[48]。さらに、訴訟団を含む運動体は、1981年、大津市茶ヶ崎、ホテル紅葉横の5000平方メートルにわたる県の埋立を無免許埋立として告発[49]、1983年には、住民請求による「琵琶湖・瀬田川沿岸帯の埋立・改変を防止する条例」案を提案した[50]。1984年8月の世界湖沼会議では、会議場外で「第4分科会」を主催、琵琶湖の危機を訴えた。

　1976年の起訴以来、訴訟団はともかくも訴訟を維持してきた。被告たる滋賀県、大阪府、国、水資源開発公団は、月1回の口頭弁論、もしくは準備手

続に対応せざるを得ない。本開発計画は、大津地方裁判所で検討されているのである。ある全国紙(複数)は、訴訟団の原告代表たる辻田啓志氏に紙面を提供し、その主張をよく紹介する。辻田氏は、また、この開発計画に関して3冊の本を出版した。訴訟は1989年3月、原告敗訴となった。

開発計画は、このように常に訴訟団の監視下におかれ、それが滋賀県に対してある種の圧力となったと評価できよう[51]。

注
1) 京都市「まちづくり構想」1969年。
2) 274ヘクタールに4万4000人が住む。
3) ウィリアム・ロブソン「東京都政に関する第二次報告書」五頁。ロブソン氏によれば、ニュータウンには、(1)働く場所、(2)家庭、(3)生活上の諸サービス、(4)レクリエーション施設が必要とされる。
4) 大気汚染、交通停滞による時間の無駄および人的物的損害の発生等。
5) 市街化調整区域の農地転用は農業委員会を窓口とし、知事が許可を与える。しかし農家が次男等の分家のための転用が認められるということを利用し、許可をとって家を建てた上で、第三者に転売するという方法がよく使われる。こういう手口に対し、農業委員会は何もできないのが現実である。
6) 『くらしと市政三六五』市民文庫、1975年、148頁。
7) ロブソン前掲書、5・10頁。
8) ニュータウン建設用地買収のとき、ほとんどの農民はこの開発事業を歓迎し、協力した。西京区(当時右京区)がだんだん開けゆき、便利になるという期待を持ったからである。さらに事業主体が京都市という公共の機関であることが安心感を生んだこともある。しかし一部の農民は反対者同盟を結成し、「金は一時、土地は万年」を標語に用地買収に抵抗したが、高額で市が買収したので土地を手放した。
9) 人間環境宣言第十四原則および第十五原則参照。
10) 自動車が増加しても排ガス規制が有効に行われるから、ニュータウンの完成する1980年には排ガスの問題はなくなると、市は住民側に説明した。しかし、乗用車に対する規制であり、バス等には適用されないこと、他の危険物質アスベスト等の規制がないことを考えるなら、市の説明はまったく根拠のない空論となる。
11) 近畿弁護士連合会:『琵琶湖汚染』、1984年、13頁。
12) 滋賀県:琵琶湖総合開発関係資料集、1979年、129頁。

第 4 章 開発と環境

13) 滋賀県：同上、129頁。
14) 滋賀県：同上、130頁。
15) 滋賀県：同上。
16) 滋賀県：同上。
17) 滋賀県：同上。
18) 滋賀県：同上。
19) 滋賀県：同上。
20) 滋賀県：同上。
21) 滋賀県：同上。
22) 滋賀県：同上。
23) 滋賀県：同上。
24) 滋賀県：同上。
25) 毎日新聞、1972年3月27日、朝刊。
26) 滋賀県：同上、147頁。
27) 毎日新聞、1972年3月17日、朝刊。
28) 京都新聞、1972年5月25日、朝刊。
29) 毎日新聞、1972年3月17日、朝刊。
30) 建設委員会会議事録16号、1972年5月16日、1頁。
31) 同上：2頁。
32) 同上：3頁。
33) 同上：3・5頁。
34) 京都新聞、1972年5月19日、朝刊。
35) 同上。
36) 京都新聞、19721年5月24日。
37) 建設委員会議事録第16号、1972年5月16日、3・5頁。
38) 滋賀日日新聞、1972年9月11日。
39) 滋賀県：県公聴会記録、1972年。
40) 滋賀県：琵琶湖総合開発計画の変更に係わる公聴会記録、1982年。
41) 滋賀県：昭和五九年度琵琶湖総合開発事業執行状況調査、1984年。
42) 滋賀県：琵琶湖総合開発計画の変更に係わる公聴会記録、1982年、7頁。
43) 滋賀県：琵琶湖総合開発、1983年、56頁。
44) 琵琶湖環境権訴訟団：準備書面(五)。
45) 辻田啓志：『水は誰のものか』、三一書房、1977年、15頁。
46) 池見哲司：『水戦争－琵琶湖現代史』、緑風出版、1982年、28～29頁。
47) 池見：同上、30頁。
48) 谷サトシ：『琵琶湖は誰のものか－総合開発計画をめぐって』、京都環境問題研

究会会誌 創刊号、1979年、55頁。
49) 辻田啓志：『魚の裁判』、日本評論社、1984年、59頁。
50) 清水義昭：『全琵琶湖人工岸壁公園化をめぐる攻防』、環境破壊、1983年4月号、40頁。
51) 辻田啓志氏は、現在「琵琶湖復活全国懇談会」の代表として琵琶湖の水質の悪化、魚の大量死の問題を追求している。アユなどが冷水病菌に感染していること、毒性プランクトンの発生を指摘している。

第5章　古都景観を守る運動

1　伏見南浜マンション建設差し止め申請事件

(京都地裁、昭和58年10月12日)

1　事件の概要

　本事件は、地域の歴史的町並み保存に関するものである。本件で問題となったマンション付近の略図を図1に示そう。そこでは、原告全員(①～⑥)の住居も示されている。

　伏見の南浜地区は、木造、瓦屋根の低層住宅の町並みを特徴とする[1]。この町並みの中に白壁、瓦屋根の酒蔵が数多く見られる。川口酒造は、酒造業が不振となったので、この酒造の1つを取り壊し、マンション建設を計画した。鉄筋コンクリート8階建て(90世帯入居)、地上26メートルの高さを有する建物である。

　川口酒造らマンション建築主側は[2]、1981年9月ごろ、付近の住民に対し建設計画を明らかにしたが、住民側は強い反対を表明した。住民は1987年10月、「伏見桃山コープ対策協議会」を結成した。両者は数十回交渉をもった。建築主側は、2回にわたり建設変更を行った。両者の意見が一致しないまま、建設主側は、工事の遅延により大きな損害が生じたとして、建築確認申請を1986年12月に行った。1987年3月建築確認がなされた。近隣住民が工事を妨

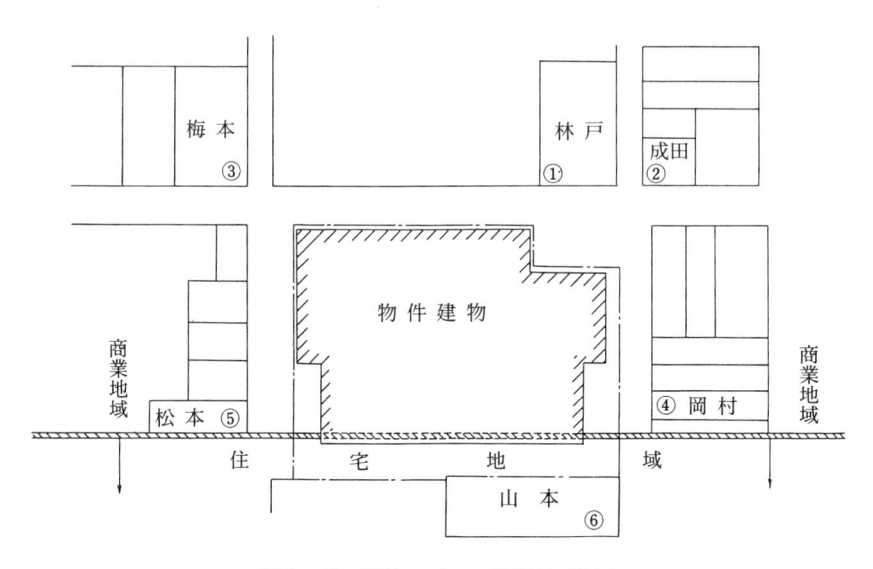

図1 伏見南浜マンション建設付近地図

害したため、建築主側は工事妨害行為の排除を裁判所に求めた(1983年4月21日)。住民側は不本意ながら同月26日、マンションの3階を越える部分の建築の差し止め、及び30台以上の駐車場設置を求める訴えを起こした。この両者から出された仮処分申請事件は併合され、1983年10月12日、京都地方裁判所の決定が下された。

2 京都地方裁判所の判示(1983年10月12日)

京都地方裁判所は次のように判示した。歴史的環境の破壊自体を理由として民事訴訟上の差し止め請求を許すことはできない。その根拠となる環境権が直ちに私権の対象となりうる明確な内容及び範囲を有するかどうか疑問がある。また法的保護の資格を備えているかどうかも疑問である。

歴史的にも価値の高い美しい伝統的町並みと良好な地域社会関係は、受忍限度の判断にあたって、地域性や建築の態様の問題として考慮すればよいとした。

むしろ法的保護の対象となるのは、環境権である。日照、通風、解放感、プライバシーは健康で快適な生活を享受するうえで不可欠な生活利益である。この生活利益が第三者から侵害されたとき、受忍限度をこえ、金銭補償をもってしては救済されない段階に達していると認められる限り、加害者に対し侵害の排除・差し止めを求めることができる。

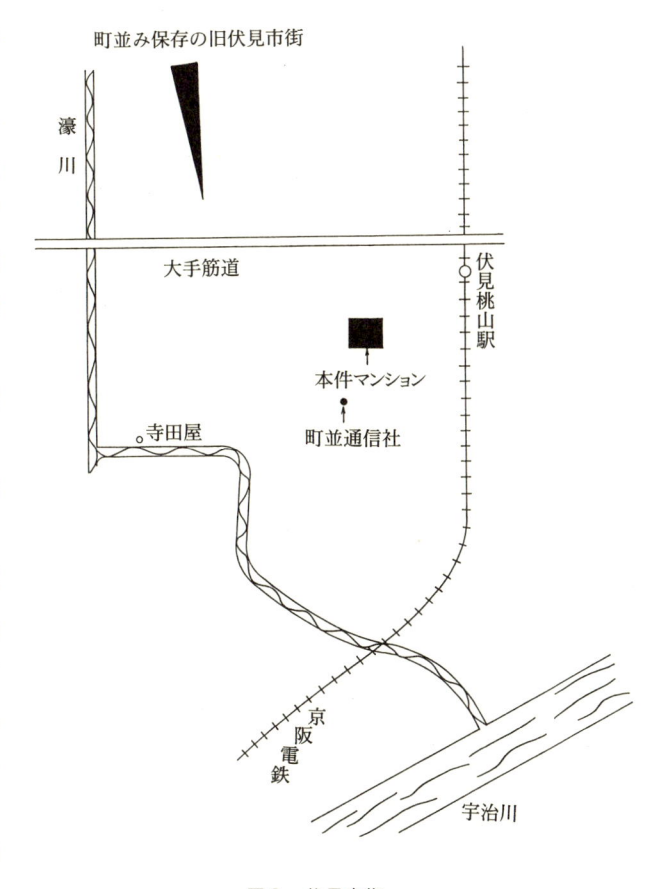

図2　伏見市街

本件では、特に日照に力点を置いて被害を検討し、いまだ差し止めを認めるほどの程度に達していないと断じた。

マンション建設予定地は、70％が土地の高度利用を予定されている商業地域であり、1人をのぞく各原告(住民)の家も商業地域内にあるとし、地域の特殊性を否定した(都市計画法8条1項、9条5項に「商業地域」の規定)。

3 解　説

　歴史的環境は、個々人の権利の救済を目的とする民事訴訟には直接の影響をもちえないことをこの京都地方裁判所の決定は示している。ただ住環境のみが法的保護の対象になるとしている。住環境とは、日照、プライバシー、通風、解放感など現実的具体的な生活利益であると本決定は言う。歴史的環境は個人の権利の対象になっていないと判旨は判断する。歴史的に由緒のある古い町並みが全部コンクリートのビル街になったとしても、上記の住環境が侵害されない限り、住民は法的保護を求められない。本決定は、本件マンション建設が各原告住民の住環境に及ぼす影響を細かく検討した。その被害について金銭補償をもってたりるとした。差し止めを認めなければならないほどの住環境の悪化は認められないと判断した。

　本決定は、伏見の南浜地区が「歴史的にも価値の高い美しい伝統的町並みと良好な地域社会関係を有している」と一応は住民側の主張を認めた。しかし、いくら「美しい歴史的環境」であっても受忍限度の判断にあたっての地域性や建設の態様の問題として考慮すればよいと述べる。これでは歴史的環境の価値は裁判上、きわめて小さくしか評価されていないことになる。

　本決定は、美しい歴史的環境があると認めながら、本件マンション建設用地の70％が都市計画法上の商業地域にあたると断じる。商業地域は高度利用が予定されているから、本件マンションが建つのは当然で、住民は受認すべしという論法である。結局、商業地域ならいくらか美しい歴史的環境が残っていても、都市計画法の趣旨に従いマンションが建っても住民は文句を言う筋合ではないということになる。

　しかし、私は、商業地域、住居地域などは、都市計画法上の線引きであって、それを直ちに地域性の判断に直輸入し、画一的に当てはめるのはどうかと考える。本件土地付近を、本決定が美しい歴史的環境を有すると認めるのなら、商業地域であっても、特殊な地域性があるとすることも可能ではなかったか。

もっとも行政的には、伏見は京都市の南部にあり、社会公共投資の少ない、文化的にも恵まれない地域にある[3]。新幹線、名神高速道路が通過したり、２つのゴミ焼却場、２つの下水処理場が集中し、伏見を通過する鴨川、桂川の両岸も上流のように整備されていない。また、京都市市街地景観条例の歴史的景観保全のための規制区域にも指定されていない。ところが伏見南浜地区(本件マンション建設地)は、旧伏見市街の町並みを残す例外的な歴史的環境を残す土地である。ここに高層のマンションが侵入し始めたわけである。南浜地区は、商業地域、住居地域あるいは準工業地域という都市計画の線引きしか与えられていない。都市計画法および建築基準法上、本地区でのマンション建築は、まったく適法なのである。

歴史的環境の保全をめぐる争いは、この場合、行政的規制の欠如に由来している。南浜地区住民の立場を、西山夘三氏は次のように要約される[4]。

「都市計画や建築基準法にあっているから問題はないということではまかり通れるとはいえない。付近住民は自らの環境を人権として守る権利がある。そのような〈規定計画〉を住民の目で見直していくことも必要だ。そこまで住民の意識が進まねば、いい町並みは保存されないし、いい町づくりはできない」。

低層木造、白壁黒瓦の町並みの中に高層のコンクリートのマンションが侵入すると、「自分はいい眺めをひとりじめにするが、周囲の人はダメ、視界をさえぎる、日陰をつくる、強い風が吹く、交通ラッシュに交通渋滞、事故、環境悪化を押しつけてくる」[5]ことになる。以前から古い町並みの中で生活してきた住民は、歴史的町並みの喪失と、「受忍限度内」の住環境悪化に悩まねばならない。

「悪貨は良貨を駆逐する」ごとく、マンションの侵入はやがて南浜地区の歴史的環境を破壊してしまう恐れがある。ただこのような危機の中にあって、旧伏見市街に住むほぼ全世帯(200世帯)が景観協定を作り、町並みを考え始めたことは遅きに失したとは言え、歴史的環境の保全にとって画期的である。本件マンション近くに住む岡田康伸氏が町並み通信社を設立、２カ月に１回

ミニコミ誌「町並み通信」を発行し始めた。町並み通信社によれば、旧伏見市街地の保全は、酒蔵の利用方法にかかっているといわれる（本件も酒蔵の跡地にマンションを建てた）。今後、この地区住民が町並み協議会を組織し、いかにその問題に取り組むか興味のあるところである。

注
1) 図2は旧伏見市示している。住民6人が該当地区のマンション建設差し止めを申請して2カ月後、この地区のほぼ全世帯（200世帯）は、旧市街地を対象とした「景観協定」を結んだ。
　1983年6月、住民が結んだ景観協定は、下記3ヶ条からなる。
　第1条　歴史的町並みは、住民が相互に住みよさを保証してきた努力の歴史的積み重ねによるものであることに学び、今後も住みよい町づくりに努めます。
　第2条　伏見らしい町並みを生かしながら、住みよい町づくりをすすめるために、建物などの計画にあたり、日照などの相隣関係、用途、外観、色彩にも十分の配慮をしましょう。
　第3条　この協議の目的を生かすために、地域住民より伏見の歴史的景観を生かす町並み協議会をつくります。
2) 建築主側とは、川口酒造㈱、藤和不動産㈱、清水建設㈱、川口佳男、川口庄次、稲田加代子のことである。川口酒造㈱は、土地を提供し、藤和不動産がマンションを建設、清水建設は工場の請負人となっている。等価交換方式により、川口酒造らと藤和不動産が該マンションを共有することになる。
3) 伏見の街は豊臣秀吉の築城にさかのぼる。この伏見城は30年足らずで廃城となる。しかし、角倉了以らは、高瀬川運河を作り、淀川と結ぶ。伏見は京都、大阪を結ぶ交通の要衝として栄えた。幕府の天領となり、伏見奉行が置かれた。幕末、幕府軍と薩長軍が伏見で衝突し、伏見は焼失したが、酒造業を中心に復興した。
4) 西山夘三「町並み通信」3号、町並み通信社、1983年5月。
5) 西山夘三、同上。

2 西大津バイパス事件

1 事件の概要

　建設大臣は一般国道161号（西大津バイパス）改修工事の事業認定を行った（1978年10月）。園城寺はバイパスの境内通過に反対し、事業認定の取消しを求め提訴した。さらに滋賀県収用委員会は、起業者建設大臣の申請により、境内地を収用、および使用権の取得裁決を行った（1980年5月）。園城寺はその取消を求め提訴した。

　収用された土地は、図3のように園城寺の境内を地上60メートル、トンネル530メートルで通過する。建設省は、土地代、トンネル使用料3700万円を供託し、トンネルを掘り始め、1981年10月完成させた。琵琶湖国体がすぐ始まった。

　原告の寺域は、①宗教活動を行うのに必要な境内地である。②300末寺の僧侶や100万人信徒から法身として信仰の対象とされ、③広く国民一般にとってかけがえのない貴重な宗教的文化価値を担った文化財である。本件事業計画の計画路線は、宗教的文化的価値を有する原告境内を通過するものであって、そのこと自体、宗教の尊厳を全く無視する。

2 判旨（大津地方裁判所、1983年11月28日）

　原告の寺域は貴重な宗教的文化価値を所有しているが、宗教活動施設の面から考えると、原告寺域の全体がすべて均等の価値を所有しているものとは考えられず、価値の差異がある。原告寺域において最も宗教的文化的価値の認められる箇所は本件各土地からかなり離れた位置にある。本件土地は修験道の長等山回峯行の行場の一部になっているにすぎない。本件土地は本来的に山林であって、琵琶湖国定公園の第2種、第3種特別地域に指定されているにすぎず、宗教的文化的価値の最も少ない箇所というべきである。しかも寺域を通過する部分はそのほとんどが地下深く設置されるトンネル内の道

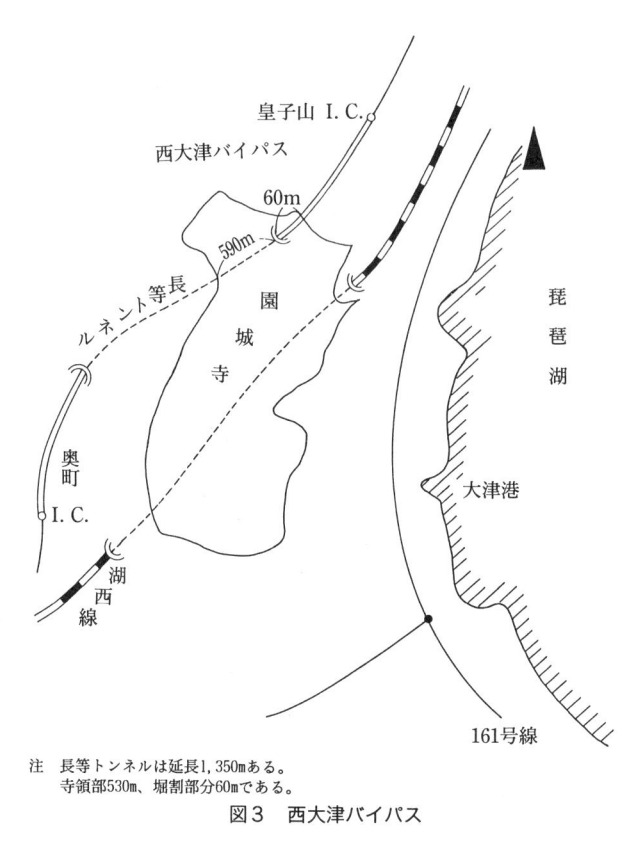

路であり、収用地内の地表を通過する本件バイパスも原告の宗教施設から視野に入らない。

最も考慮すべきは、本件事業計画の達成によって原告寺僧侶や天台寺門宗信徒各人の精神作用に及ぼす影響である。信仰者各人の精神作用が多少の影響を受けることがあるにしても、その信仰が困難になることはない。

注 長等トンネルは延長1,350mある。
　　寺領部530m、堀割部分60mである。
図3　西大津バイパス

一般国道161号は、琵琶湖西岸地域の唯一の幹線道路である。北陸圏と近畿圏とを最短距離で連絡する基幹道路である。これを通行する車両も年々増加し、大津市内の通過は輸送効率を悪くしている。右の状況を解消あるいは緩和するためには新たにバイパスを設置してこれを介して国道1号、国道161号へ流出させる緊急の必要がある。本件事業計画は高度の公共的必要性を有しており、公共の利益は甚だ大きい。

事業計画が達成されることによって得られる公共の利益とを比較衡量すると、原告寺域の宗教的文化的価値が多少失われることがあるにしても、なお本件事業計画は土地の適性かつ合理的な利用に寄与するものであるといわざ

るをえず、土地収用法第20条3号に違背する違法はない。

3 解 説

　本件は、土地利用をめぐる争いであった。道路として使うか、従来のまま寺の境内(山林)としておくのか。道路は、寺の中心部からはずれた所をトンネルの形で通るから、寺の宗教活動に影響をほとんど及ぼさないし、景観の破壊もないとし、本判決はバイパスの通過を追認した。

　「追認」と言ったのは、判決の出された1983年11月、バイパス完成後2年をへていたからである。日光太郎杉事件では、土地収用裁決につき、執行停止の決定を得ていたのに、西大津バイパスではそれがなく、工事が進んでしまったからである。既成事実の追認判決という批判も可能である。

　本件の境内地たる山林は、国定公園の第2種及び第3種特別地域であって、日光のように特別保護地区や特別史跡と同程度の文化的価値の土地ではなかったことも注意する必要がある。

　日光太郎杉事件も本件も国道の事業認定及び土地収用裁決の取消しを求め、また実体的違法性の主張も、土地収用法第20条3号の所定の要件「土地の適性かつ合理的利用に寄与する」か否かにあった。本判決も「得られる公共の利益」と、失われる利益を比較衡量し、前者が後者に優越するかどうかを総合的に検討するとした。日光太郎杉事件の東京高裁の判断枠組みを踏襲したわけである。

　判断を左右したのは、通過寺域の文化的価値、ほとんど寺域をトンネルの形で通過すること、ならびにバイパスの代替性であったと私は考える。判決の前二者についての判断に異論はない。しかし、道路の代替性について、判決は本ルート意外に安全なルートはないとする建設大臣の主張をそのまま認めてしまった点に私は問題を感ずる。ほんとうに技術的に長等山にバイパスを建設する以外に方法がなかったのかどうか。

　本件バイパスの事業認定がなされる前、国鉄の湖西線が寺域の中央をすでに通過していた。これは園城寺が、1970年1月、国鉄の通過を認めたところ、

閼伽井を初めとする境内の水源が枯れたため、再びこういったことのないよう境内の道路通過に反対するに至った。

3 大見スポーツ公園建設反対運動

　京都の北山の谷間（大原大見町）を廃棄物で埋め立てスポーツ公園を作る計画の発表は突然であった。1979年12月京都市長はこの計画を発表し、市議会はそのための土地買収予算を承認、可決した。予定地の谷間には20世帯の住民が生活しており、道路改修や地区の整備を過去、市に請願してきた。ところが、突然その地区を埋め立てる旨の市長決定が発表されたのである。ある夜、市の担当者が大見町の地権者宅を訪れ、計画を説明し始めた。住民にとっては、けっして納得のいくものではなかった。市の計画は要するに大見地区を産業廃棄物で埋め立てるというものであった。

　この大見町は京都市の北山の中の集落（海抜600メートル）であり、昔は炭焼きや林業で栄えた。日本海側の若狭湾から京に向かう街道筋にあたっていた。しかし、近年のエネルギー革命により、炭、薪の需要を失った大見の集落は寂れる一方で、わずかに20世帯が住むにすぎなくなった。

　心配した住民は集会を開き、大見公園建設反対同盟を結成した。「故郷での廃棄物投棄反対」を標語に土地を売らないことを申しあわせた。反対同盟の指導者は大見に住む大学教授と新しくこの地区に引っ越して来た住民であった。大見の静かな環境が気に入って住み始めた人々である。大見の住民にこの反対運動への参加を呼び掛けたのである。

　市の埋め立て計画は期間を10年とし、1兆5000万立方メートルの工事残土を運びこむものであった。1日に2000台のダンプカーが毎日15秒に1台走るという計算になる。

　大見町に至る道は1本しかないので、この計画のためにさらに2つのアクセス道路を建設する。この大見町に至る道路は観光地、大原を通ることになる。大原には市内から谷間にそって走る1本道しかない。大原街道脇にすむ

第5章　古都景観を守る運動

住民に騒音、振動、粉塵の公害、事故の脅威は堪え難い。大原地区の住民、お寺もこの大見スポーツ公園計画に反対したのは当然である。

さらに、大見町の下流にある滋賀県の葛川地区の住民は安曇川の汚染による、アユ漁への影響、飲料水の汚濁を心配して抗議した。アユは川の水が濁れば、餌を取ることができなくなる。そしてこの安曇川水は、琵琶湖に注ぐ。滋賀県はこの計画に対して京都市に環境影響調査をするよう申し入れた。その当時滋賀県は環境影響評価(アセスメント)要綱を県として実施することを決めたばかりであった。

このように、大見町、大原、下流滋賀県の住民がそれぞれ3つの反対運動を組織した。これら運動体は、まず、市に住民参加をともなう形の環境影響(アセスメント)評価を実施することを求めた。市はこれを拒否する一方、計画を進めた。市はすでに60パーセントの土地を買収し終えていた。残りの土地を住民から買うための交渉をしていた。予定地のほとんどは森林法の保安林に指定されていた。開発にはこれら保安林の解除手続が必要であった。

運動体は京都弁護士会に対して本問題を調査して欲しい旨の要請を行なった。京都弁護士会の環境委員会の委員が現地を訪れ調査を行った。その結果弁護士会は、京都市に本計画の中止を勧告した。

1981年10月、反対運動の指導者の香川晴男氏(京都大学理学部助手)が大見町に行ったところ、保安林がすでに伐採されていることを発見した。香川氏はただちに森林法第26条に違反する行為であるとして、知事に通告、知事はただちに工事の中止命令をだした。この市当局の森林法に違反する行為に対し、反対運動は、住民訴訟を提起、市長と開発局長に違法工事の代金支払いを求めた。京都地方裁判所、大阪高等裁判所はこの両者に工事代金の支払いを命じた。この事件により、工事は止まってしまった。

1980年12月になって、市長は工事に関する環境影響(アセスメント)評価を行なうことを約束するにいたった。1987年9月、環境影響調査の結果が発表された。この時、工事は半分の規模に削られた。環境調査結果は10月に1カ月間公示閲覧された。数回にわたり、説明会が開かれた。45日間、意見書が受け付けられた。

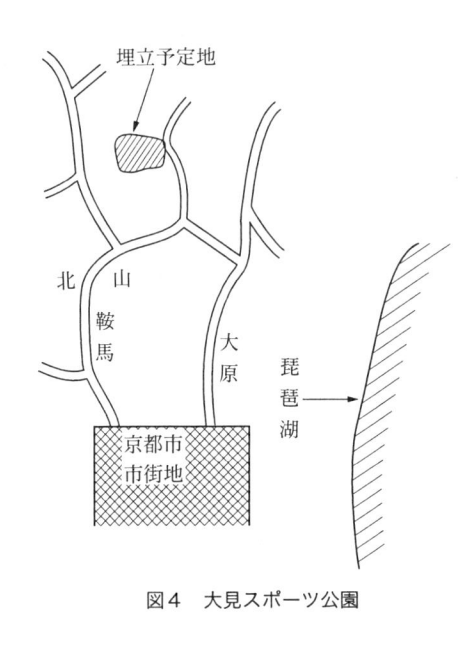

そして、1989年4月、市長の見解が示された。

　このように市は工事の規模を半減し、影響評価(アセスメント)をおこなった。しかし、市が建設を中止しない以上、反対運動を終結することができない。反対運動は続く。1991年4月反対運動は「グリーン大見立木トラスト協会」を作り、建設予定地の立ち木を多くの人々に買ってもらう戦術を取った。4カ月のうちに400本の立木が売れ、各樹木に所有者名と住所を印した札がかけられた

図4　大見スポーツ公園

（明認方法による所有権の主張）。同年7月、市は反対運動の指導者を招き、話し合いの場を設けた。市側は新しい大見スポーツ公園建設計画を提案、アクセス道路1本を作ることに同意を求めてきた。また、市は反対運動体に代替案の提示を求めた。その一方、市は土地の買収を続行している。反対運動体はさらに立ち木トラストを拡大し、より多くの人に立ち木を所有してもらう運動を進めている。

4　鴨川ダム反対運動

　鴨川は京都の町にとって象徴的な存在である。鴨川は京都の北山から京都盆地の東山を眺めつつ南に流れている。鴨川からの北山、東山の景観は格別である。京都の鴨川は幕末の倒幕運動、徳川幕府の時代、豊臣秀吉、足利幕府、源平の覇権争い、義経と弁慶の五条大橋での出会いを経て平安時代にまで遡る歴史の舞台であった。

第5章　古都景観を守る運動　75

図5　鴨　川

　鴨川の管理は京都府知事に委ねられている。1987年7月、京都府は審議会に対して、洪水の防止と鴨川の景観について意見を求めた。知事は17人の審議会委員を任命した。委員には土木工学の専門家が任命された。審議会は上流にダムを作ること、下流での3メートルの川床の掘り下げを提案した。100年に1度起こるかもしれない洪水にも対応するための措置であると説明された。川の流水量を100トン（1秒）から1500トン（毎秒）にするという計画が提案されたのである。1988年10月6日、審議会は公聴会を主催し、16人が意見を述べた。150人が出席した。さらに京都府は計画をすすめ20のダム予定地を審議会に示した。しかし、この提案は秘密とされた。
　鴨川の上流のダム予定地の近くに志明院があり、住職の田中真澄氏はダムが自然破壊的であることを、よく知っていた。ダム建設により引き起こされる他の問題が考慮されていないことにもこだわった。田中住職は志明院にダム、環境の専門家を招き集会を開いた。ジャーナリストを含み30人の人々が集まった。この集会は大きく報道された。そこで、田中住職は鴨川ダムに反

対する会を組織した。

　志明院は有名なお寺であり、有力であった。そのこともあり、この反対運動には厚い信頼が寄せられた。地域の人々は、ダムより森林が水をよりよく貯えると言い、反対運動に参加してきた。

　1989年11月26日、下流の方で他の団体が集会を開いた。また、同年6月、各地で反対運動をしている12の団体が「京都水と緑をまもる連絡会」という連絡組織を作った。この会は、このダム計画に反対を表明、運動の1つとして鴨川ダムを取り上げるに至った。京都府職員労働組合はダム建設反対に関するシンポジウムを開き、ダムに反対することを決めた。また、京都の文化人のひとり、梅原猛氏(元国際日本文化研究所所長)も京都新聞でダム建設は京都の文化の破壊につながると批判した。

　1990年4月の知事選挙でこのダム建設が争点となった。現役知事に対して、共産党支持の木村万平候補はダム中止を公約として選挙に立候補した。現職知事はダムに関しては、何ら決定していないと表明し、選挙に臨んだ。現職知事が再選されたが、ダム反対の世論が強いと判明したので、この知事はダム計画の中止を表明した。1990年7月2日のことである。

5　60メートルをめぐる景観論争

　1991年は京都の景観をめぐる論争が最も盛り上がった年であった。毎日新聞はこの年においては景観の問題が京都で最大の問題であったと報じた(1991年12月30日)。京都ホテル、京都駅ビルの建設をめぐって、環境保護団体、仏教会、商工会議所、専門家が議論に火花を散らしたのである。

　794年に平安京が建設されて以来、京都では高さ31メートルを超える建築物は存在しなかった。東寺の五重塔が31メートルあり、これより高くすることを規制してきたのである。京都は三方を山に囲まれ、古都の趣を誇ってきた。60メートルの建物が建つとなると、京都の景観は著しく変化せざるを得ない。

第2次世界大戦では京都は空爆をまぬがれ、木造の建築物が多く残っている。この木造低層の町並みの中に高層のコンクリート製の建物が浸入し、少しずつ京都の町並みも変化している。京都市は景観の保全のため種々の高度規制を行ってきた。31メートルというのが最高の高さであった。ところが、1988年4月、都市計画の改正により、高度規制の緩和が図られ、高い建物を作ることが可能になった。これは総合設計制度と呼ばれ、都市計画法第59条2項の規定に基づくとされた。この緩和措置を受けて90年5月京都ホテルが60メートルの建築物を計画、さらに91年5月、JR西日本の駅ビル計画が提出されたのである。

1　京都ホテル

　京都ホテルの建築申請に対し、高層建築に反対する会は京都ホテルと市長に何度も抗議した。建築家、労働組合員、商業者がこの反対する会に入った。共産党の党員や支持者が多いのが特色であった。京都仏教会も都市景観の変

図6　高さ60メートルの京都ホテル

化が京都のイメージを崩し、観光客の減少を招くことを恐れた。京都の有名寺院は拝観料に収入の大半を依存しており、観光客の減少は黙視できない。1990年12月19日、京都仏教会は京都市長に反対を申し入れた。仏教会は大量のビラをまき、反対を訴えた。少なくとも20回の交渉が仏教会と市で持たれた。1991年6月23日、京都ホテルの建築確認がなされると、仏教会は拝観拒否することを明らかにした。ホテル側は計画の再考を約束し、仏教会は拝観拒否を見合わせた。しかし、12月5日になり京都ホテルは仏教会との契約を破棄、社長が辞任した。そして、建設を開始した。12月13日、仏教会は建設の差し止めを京都地方裁判所に求めた。

2 駅ビル

1983年、京都市は京都1200年祭を記念するための諸行事を作る委員会を発足させた。委員会は京都駅ビルの建設を提案した。これを受けて JR西日本、京都府と京都市は、新京都駅建設のための会社を設置した。1990年8月に駅

図7 京都駅 正面より

第5章 古都景観を守る運動　79

図8　駅ビル建築前

図9　駅ビル建築後

ビル建設計画が発表された。この会社は世界の7人の建築家に設計を依頼した。設計依頼した建物の高度の制限はなかったので、7人の案はすべて60メートルを超える高層建築物であった。このうち高さ60メートルの建築物を設計した原教授(東京大学)の案が採択された。

1990年10月、高層建築物に反対する会が結成され、京都ホテルと駅ビルの計画に反対することが決まった。これは仏教会とはまったく別の組織で、仏教会と連帯して反対運動を展開することもないとした。

京都の高層ビル建設に関して、仏教会と他の民間の有志による反対運動が別々に動いた。

都市計画に基づく建設基準を満たしているので、これら高層建築物は適法であり、堂々と建設が進められ、それぞれの建物は完成をみた。京都ホテルは鴨川べりに異様な高さを持って建てられ、周囲の低層の町並み、東山の遠景を見事に壊してしまった。京都ホテルが完成した後も、広隆寺、銀閣寺、清水寺などは京都ホテル滞在者の拝観を拒否する看板を門前に掲げて、あくまで抵抗した。一方京都駅ビルは、60メートルの高度と500メートルの長さにより圧迫感を伴った壁となって京都を分断している感がある。京都駅に着く旅人は、古都の駅に到着したというよりも、どこにでもある都会の1つに来たという印象しか受けないのではないか。

京都商工会議所を中心とする財界と保守党からなる政界は、京都に活力をつけるためと称し、自動車道路の市内通過、ビルの高層化を強く主張してきた。この活力ある京都を作るという主張が、高層ビル建設計画となって結実した。論争は高度の問題に集中したが、根本には停滞する京都経済の活性化という問題が横たわっている。(株)京都ホテルはしかし、赤字経営が続き、建物を他人の手にゆだねて経営の建て直しを図らざるを得なくなった。従来なら30メートルの高度しか許されない所に、新制度より60メートルのビルを建てたものの、赤字続きの経営ということでは京都の活性化につながるという高層化の正当化理由は崩れ去った。

6 大文字山ゴルフ場建設反対運動

　1988年8月18日、大文字山にゴルフ場が出来ると新聞が報じた。大文字山（466メートル）は京都の東山の一角を占め、8月16日の送り火で有名である。大文字山の中腹のゴルフ場建設は、大文字山周辺の住民には驚きであった。東京の大資本が山の斜面数百万坪を既に買収し、ゴルフ場建設について京都市と話し合いに入っている。

　大文字山付近に住む沢井清氏は地学を専門とする引退した教師（理学博士）であった。沢井氏は、大文字が花崗岩でできており、斜面をブルドーザーで削れば土砂崩れや水汚染を引き起こすことを知っていた。このゴルフ場計画に反対であった。しかし、どうやって反対すればよいのか不明であった。他の住民にとっても同様である。日天寺（日蓮宗）はこの予定地の横にあり、大文字山の水を使ってきた。住職達は、ゴルフ場の脅威を感じ、反対を表明し

図10　大文字山

た。9月になって地元でシンポジウムが開かれ、50人が参加した。さらに近くの環境団体が集会を組織した。沢井氏は地学者として災害の危険を説明した。他の化学者はゴルフ場で使う農薬の濫用を説明した。このシンポジウムでは、ゴルフ場計画の危険性、これを中止する必要性が強く主張された。

11月3日、30人の反対者は大文字山に登った。案内者の沢井氏が岩石を取って、もろく崩れることを示した。沢井氏は樹木が土砂の崩壊を止めていること、もし木が無くなれば大災害が起こることを強調した。このハイキングの途中で沢井氏は、反対運動を始めることを参加者に提案した。沢井氏はPTA活動の知り合いに呼びかけ、また有名人に運動の代表者となってもらうべく活動をした。

こうして沢井氏の活動により、11月12日、「大文字山ゴルフ場建設に反対する会」は生まれた。48人の住民が参加した。一週間後、8人の会員が市役所を訪問し、市側にゴルフ場について説明を求めたが、市側は詳細について情報の提供を拒否した。市は、公式的にはまだゴルフ場の申請は出ていないとの説明をした。11月22日、他の反対運動が自治会を中心に結成された。沢井氏のグループが北白川小学校区の住民中心なのに対し、他のグループは錦林小学校区の住民団体であった。北白川地区の方が大文字山に近く、錦林はやや離れた位置にある。

最初、二つの反対運動体はそれぞれ署名活動を行った。市議会と府議会に請願するためである。市長と知事がゴルフ場を許可するか否かの権限を有している。もし、議会が反対の請願を採択すれば、ゴルフ場建設の件は難しくなる。1988年11月に請願書が提出され、府議会はこれを採択した。市議会は留保した。大文字ゴルフ場建設に反対する会は会員をもっと増やし、労働組合や環境団体にも訴え始めた。また、月1回銀閣寺の前で集会を開き、観光客にも訴えることにした。1989年3月、京都弁護士会環境委員会はゴルフ場問題を研究することを決めた。これは反対運動が弁護士会に要請したのではなく、弁護士会独自の動きによってこうなった。

1989年の夏、市長選挙が行われた。反対運動はこの市長選に反対する会か

ら候補を立てて戦うことを考えた。ゴルフ場建設は市長選挙の争点の1つとなっていた。共産党の支持を受けて立候補していた木村万平氏がゴルフ場反対を公約としていたので、反対運動はこの木村候補を応援することにした。木村は古い町並みにマンションなど高層住宅が侵入してくる、いわゆる町こわしに反対する運動を展開してきた元教育者である。京都市長選挙ではわずか206票の差で木村氏は敗れた。木村氏に勝った新市長がゴルフ場を許可する恐れが出てきた。

反対運動体は市役所に行き、4000人による署名簿を提出した。これでは十分でないことを恐れていた。沢井氏は、京都大学が大文字山を水源とする水を使っていることを思い出した。もし京都大学が反対すれば効果が大きいと判断し、京都大学に働きかけた。学生がまず反対ビラを配布、多くの教授が反対の署名をした。やがて学長は市長にこの問題について話し合いを申し入れた。1990年12月2日、市長はゴルフ場建設を認めないことを表明、40日後、業者は建設計画を取り下げた。

大見公園プロジェクト、鴨川ダム建設、大文字山ゴルフ場は、環境保護運動の力で中止された。この三つの運動においては、優れた指導者がいた。退職した教師、住職、主婦などが自由時間をさいて運動を展開した。運動の指導者は他の人々に反対運動の参加を呼びかけた。新聞もよく反対運動の活動を報道し、運動の主張を世間に伝えた。弁護士会の環境委員会も調査活動を行い、運動を応援した。運動体は世論に訴え、反対の正当なことを主張した。市長や知事は世論の動向を無視することができず、開発計画を中止せざるをえなくなった。この三件は地域的な反対運動がいかに成功することができるかを示す事例となった。

7 第二外環状道路を作らせないために

1 計画の概要

第二外環状道路(以下第二外環)は、次頁の図のように久御山町の京滋バイパ

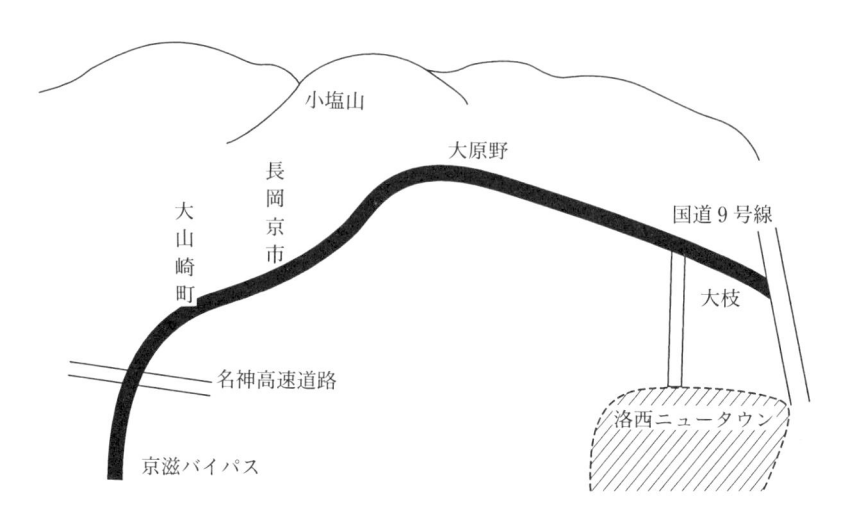

図11　第2外環状道路

図12　この山の下を第二外環が通る

スから、大山崎中学校グランドをとおり、長岡京市の住宅を走り、西山の山裾に沿い、大枝沓掛の国道9号線にいたる、4車線の自動車専用道路で、全長約15キロである。1988年8月、京都府知事が都市計画決定した、建設省が作る道路である。

大山崎町では、中学校のグランドをこの道路が通るので、教育活動が不可能となり、学校の移転が不可避となる。移転先では、緑を破壊して学校を作らねばならない。また、第二外環は名神高速とインターチェンジで結ばれるため、大山崎町はますます狭くなる。大山崎町は、西日本旅客鉄道、新幹線、阪急線、名神高速、第二外環とまるで線路と道路の廊下になってしまう。

京都市西京区大原野では、水田、竹林、寺社の境内がこの道路の犠牲となる。西山の里山風景をコンクリートの太い線が切断する。さらに、予定されている京阪連絡道路と第二外環が交わり（大原野ジャンクション）、洛西ニュータウンに入る道路とインターチェンジで結ぶという。大原野の美田はこの2つの工作物で大きくその面積を減らす。洛西ニュータウンの境谷本通りは、第二外環から延びる道路からの自動車のバイパスとなってしまう。

大原野の隣の大枝では、柿畑の40パーセントがこの道路に食われてしまう。

2 反対運動の展開

この道路計画が明らかになったのは、1988年9月2日の新聞報道であった。地元説明会が数回開かれ、1989年8月末には、もう都市計画は決定されてしまった。大原野自治連合会は、1988年9月末、92名よりなる対策協議会をつくり、反対を続けたが、計画決定の後、反対運動を断念した。

一方、計画の一方的な提示、説明に対し、不満のある地元住民は、独自の反対運動をはじめた。1989年7月29日、大原野にある正法寺に90人を集め、『西山の自然と文化を守る会』を結成した。地元住民の平田清明氏（京都大学名誉教授）を代表に決定し、反対運動を展開することになった。機関誌『西山通信』を配布し、会員をつのり、マスコミに訴える作戦がとられた。

次に会の活動を紹介しよう。第1は他の団体との連携である。情報交換、

共同行動などを通じて運動を広げるべく努力している。連携した諸団体は以下の通りである。

(1) 大山崎・円明寺道路問題を考える会、長岡第二外環を考える会とは定期的に会合し協力が続いている。
(2) 京都水と緑をまもる連絡会への参加。
(3) 神戸・住吉川の環境を守る会、和歌の浦を守る会の三者で、景観を守る住民運動連絡会を結成。
(4) 道路問題を考える京都道路問題連絡協議会への参加。
(5) ポンポン山ゴルフ場建設に反対する会への参加。
(6) 使い捨て時代を考える会諸グループとのニュータウンでの道路公害の宣伝活動。

　第2は、毎年4月上旬にテントを大原野神社前に建て、花見客に署名を求めてきた。花見時期だけの活動である。京都市内の秋まつりに参加し、竹の子ごはんを売ってきた。会が現在検討しているのは、立木トラストである。多くの反対者に所有権を分散し、土地や木の買収を難しくするためである。

3　大原野の反対運動

　大原野村は、1959年、京都市と合併した後も、農村として、米、竹の子、野菜を作り続けてきた。江戸時代には、徳川綱吉の生母、桂昌院が山寺を再興した。室町時代には、足利氏の保護のもと寺院が栄えた。平安時代には、鷹狩に都人がよく来た。歴史上、これらの人々は、大野原を決して破壊せず、自然景観を今に伝えたのである。21世紀になり、われわれはこの歴史的遺産を一瞬のうちに永久に破壊しようとしている。

　源氏物語の「みゆき」の中に次のような記述がある。

　　　その十二月に、大野原の行幸とて、世に残る日となく見さわぐを……
　(冷泉) 雪深き小塩の山にたつ雉のふるき跡を今日は尋ねよ
　(源)　 小塩山みゆきつもれる松原にけふばかりなる跡やなからむ
　　　　　　　※『源氏物語 三』岩波書店、1971年、67・70頁より引用

4 建設反対の理由

　自らも自動車を所有し、運転を続けるかぎり、道路は減らないのではないか。道路建設は、車社会の産物であり、車の大量生産、大量消費が続くかぎり止まることがないのではないか。道路の建設を止めることなく、単にどこに作るかの議論に終始していたのではないか。反対運動の強い土地を避け、反対運動の弱い場所に道路が作られていくだけではないのか。

　道路の含む問題は、このようにわれわれの生活様式の反映であるが、現実論としては、とりあえず、目前の第二外環道路建設に反対せざるをえない。醜い工作物が、緑溢れる大原野を侵すのを黙って見ているわけにはいかない。大原野が困るから他のところを通ればよいと考えているわけではない。大原野もダメだし、他の所もダメなのである。

8 ポン・デ・ザール橋建設反対運動

1 ポン・デ・ザール橋の建設提案

　1996年10月20日、シラク仏大統領は東京の大使館の宴会で、京都市長に、鴨川にパリ風の橋を架けてはどうかと提案した。1998年「日本におけるフランス年」の記念行事、そしてパリ＝京都友情盟約40周年という背景があった。京都市長は翌日、建設の検討を表明、1997年2月にはその予算を組んだ。1999年の完成を目指すというものであった。

　京都の洛北にある鴨川の三条大橋と四条大橋の間(約640メートル)に、パリのセーヌ川に架かるポン・デ・ザール(Pont des Arts)と似た橋を架けるという計画である。

2 反対の声、上がる

　志明院住職の田中真澄氏は、鴨川上流のダム阻止運動に過去かかわった。また、93年には朝日新聞に架橋反対の意見を書いている。京都水と緑をまも

図13　パリのポン・デ・ザール（Pont des Arts）

る連絡会の幹事でもある。この田中住職は京都市の計画発表後、ただちに、まちづくり市民会議の辻昌秀氏に電話し、反対運動の取り組みを要請した。

　まちづくり市民会議はバブル期に、街中の景観破壊に反対する運動として生まれた。駅ビル(60メートル)、京都ホテル、高層マンション、高速道路計画に反対してきた。まちづくり市民会議は鴨川を美しくする会と京都住民運動交流センターの会員を誘い、現地視察を行った。毎日新聞の記者が同行した。まちづくり市民会議の木村万平氏はこの時、どうやって架橋をやめさせるかを考えた。ゴルフ場反対、鴨川ダム反対を揚げて、過去の市長選や知事選に立候補した木村氏は、今後の闘争を思い描いたのである。

　地元の反対運動が一番大切である。地元の有効な反対があって初めて運動は力を持つ。しかし、地元の先斗町は保守的な所で、お上には逆らわない土地柄であった。一方、市の計画は進行し、都市計画案の公告、縦覧が行われることになった。市民会議はこの延期を市に申し入れた。地元の説得が不十分なため、都市計画書の公告、縦覧の手続きは延期された。ようやく地元で

第5章　古都景観を守る運動　89

図14　四条大橋より三条大橋を見る
（この空間にポン・デ・ザールを作る計画であった）

はいろいろな動きが出た。橋の東側（祇園）では全体として賛成の意見が多かったという。橋の西側は反対の意向が強かったが、市が一方的に事業を進めるので市に押し切られるというので、「鴨川歩道橋を考える会」を結成した。この会は先斗町（ぽんとちょう）のお茶屋女将が加わり、特に「山とみ」女将柴田京子氏が反対運動の中心となる。

　市役所では職員労働組合が市民向け批判ビラ5万枚を作成して市内に配布した。職員合意、市民合意の上で町づくりをと訴えた。

　市側は、8月28日から都市計画のための公告、縦覧を始めた。この縦覧期間終了時に鴨川歩道橋を考える会は先斗町の全お茶屋43軒に橋に関する意見を聞いた。賛成ゼロという結果が出た。この考える会は意見書156通を提出した。一方、まちづくり市民会議も意見書を提出、反対意見は350通であった。この意見書の提出時に、まちづくり市民会議と鴨川歩道橋を考える会は初めて出合い、その後1年間共同行動をとることになる。

10月15日の市の都市計画審議会の開催に向けて、各界から撤回を求める意見書、要請書が多く提出された。学者・文化人グループ22人「ポン・デ・ザール計画に賛成できない仲間たち」には、田中真澄住職他、奈良本達也氏、松本大氏、岡部伊都子氏、アイリン・スミス氏、マーク・ピーター・キーン氏らの名があった。京都在住外国人220人が「京都を守る会」として要請書を提出し、市と交渉した。10月7日、まちづくり市民会議、京都住民運動交流センターと地元有志は、市職員の協力のもと、予定地で市民集会を開いた。100人が集まり、京都市長、シラク大統領に対する宣言を採択した。

　反対運動は9月10日、フランスの新聞ル・モンドが「ジャック・シラクの思いつき、京都の景観を台無しにするのか」の記事を載せてから、日本の新聞にも取り上げられるようになった。それまでは無視されていたという。10月7日には再び「仏・日間の不和の種、猛省を促す」のル・モンドの記事が載った。

　この間、新聞の投書欄がポン・デ・ザールの件に集中した。大半が反対意見であった。また、市民集会も多く開かれた。10月30日「ポン・デ・ザール橋建設反対市民集会」、11月9日「鴨川歩道橋を考える連続市民フォーラム」など、主催団体の異なる集会が相次いだ。11月には市職労が「市政評価アンケート」40万枚を市内全世帯に配布した。外国の町に三条大橋を架けた合成写真を1面半分を割いて掲載した。鴨川歩道橋を考える会、まちづくり市民会議は、京都市長、シラク大統領に質問状を送った。また白紙撤回を求める署名を市に提出した。12月4日にフランス大使館から回答があった。回答は外交辞令で何も本質的な回答といえるものではなかった。

3　反対運動体の統一へ

　12月16日、まちづくり市民会議など4団体は、フランス大使館へ要請に出かけた。その帰路、先斗町「山とみ」の女将柴田京子氏は組織の合体を提案した。こうして12月22日に「ポン・デ・ザール橋建設白紙撤回を求める連絡会」が結成された。まちづくり市民会議、鴨川歩道橋を考える会、中京飲料組合

など6団体が結成母体となった。

　連絡会を作ったものの、役員や財政をきっちり決めず、まず街頭宣伝をすることを決めた。財政は会費として個人1口1000円、団体3000円、あとは寄付金でまかなうこととした。会費はポン・デ・ザールが短期で作られる事業なので1回きりのものとなった。役員は決まらず、役員会議は集まった人で開いた。事務局は、中島弁護士所属の市民共同法律事務所及び京都総評の辻氏の事務所と形式上なったが、実際は木村万平氏が、事務局の役を担った。

　「山とみ」の柴田京子氏は3代続いた先斗町のお茶屋の跡取り娘であった。34年前に飲食業に転業した。顧客には芸能人、政治家も多い。街頭宣伝でも強く訴える力を発揮した。1人で3万6000の署名を集め、平成のジャンヌ・ダルクと仲間から称えられた。

　1998年1月より、毎週火曜日に街頭宣伝をすることになった。京都総評の辻昌秀氏が車を準備することとし、街頭の宣伝には京都府職員労働組合（府職労）、京都市職員労働組合（市職労）の宣伝カーが利用された。宣伝カー2台が全市を回るのであった。市民会議の木村万平氏は、過去3回首長選挙に立候補した経験があり、街頭宣伝の場所はよくわかっていた。同時に、署名用紙を出して署名を求めた。3月〜4月にかけては、全国の文化人、芸能人600人に呼びかけ、305人より賛同を得た。先斗町「山とみ」の女将柴田京子氏は顧客5000人に手紙を送った。上京して帝劇、明治座を訪問し、樫山文枝氏、高橋英樹氏、北大路欣也氏などから署名をもらった。

4　選挙の争点とする

　98年の4月には京都府知事選挙、また7月には参議院選挙が予定されていた。この選挙の争点にすることが運動の課題であった。そのためには市民に橋の問題をいかに知ってもらうかということが不可欠であり、街頭宣伝、署名、新聞の話題になることが必要であった。

　98年3月15日告示された知事選挙では、現職に対し、民主府政の会推薦候補がポン・デ・ザール建設反対の公約をした。共産党のみが推薦する候補で

あったが、京都市内では現職と互角の票数を獲得した。また、左京区では現職を上回る票を獲得した。橋の問題が大きく影響したのである。この革新候補はまた、京都御所内に作る迎賓館、市内高速道路建設反対も公約としていたが、ポン・デ・ザールが一番大きな争点となった。

　4月15日の知事選は現職の再選で終わった。しかし市長は、ポン・デ・ザールの建設着工を延期すると表明した。5月12日より街頭宣伝を再開、署名運動は建設の凍結を求めるものとした。すでに予算が通っていたからである。街頭宣伝は市役所前でも行い、市職員に訴えた。

　98年5月30日、連絡会は鴨川の建設予定地の川床で大集会を開いた。人間の鎖を作った。連絡会は街頭宣伝、署名を集める一方、7月12日の参議院選挙で共産党の西山とき子候補を応援した。西山はポン・デ・ザール橋建設阻止を公約とした。1万人集会で、西山氏がポン・デ・ザール反対を言った時、もっとも大きな拍手を得た。京都市内での西山氏の得票率は第1位であった。参議院選挙を通じて、ポン・デ・ザール反対の市民が多いことがまたも明らかになった。

5　市民投票の是非

　このころ、学者グループ、文化人の一部と弁護士折田泰宏氏が中心となって作った「歩道橋を考える市民フォーラム」が市民投票条例を提案した。新聞は大きくこの市民投票条例を取り上げた。この運動はポン・デ・ザール橋の白紙撤回を求める連絡会とはまったく別の運動で、つながりはなかった。市民投票の会は、連絡会が共産党寄りであるので警戒感を持つ人々により構成されていた。また京都在住の外国人の多くも住民投票に参加できるとの条項を入れ、外国人の地方政治参加促進を狙うものであった。

　連絡会は、市民投票による反対運動は戦術として適当ではないと考えていた。過去に2回、条例制定を市議会に求めたが、いずれも拒否された。1976年市電撤去反対の請求(23万人)、1993年国民健康保険条例改正反対の請求(25万人)であった。請求は有権者の50分の1の署名で受理されるが、市会で否決

されることは明らかであった。その場合、橋建設計画が再び市会で承認されることを意味した。

　また仮に市民投票が実施されても、投票率が50％を超えることは期待できない。平素の選挙で投票率が50％を超えることは京都市ではない。過半数に達しない投票率ではいかなる結果が出ても、ほとんど意味を持たない。

　このように連絡会と市民投票の会の運動方法はまったく異なったものであった。それぞれが別々に運動を進めていったのである。

6　建設の中止

　1998年8月6日、京都市長はポン・デ・ザール建設を断念すると発表した。原爆記念日、高校野球のニュースが大きく、ポン・デ・ザールのニュースは小さく扱われることを狙っての発表であった。新聞の論調は市長の英断としてこの中止発表を多いに評価した。しかし橋を架けることを断念したわけではない。今後、違う形の橋を架けることを検討するとしている。

付節　ポン・デ・ザール勝利の意義　　　　　　木村万平

1　ポン・デ・ザール勝利の意義

(1)　景観問題での初の勝利

　京都で景観論争が起こったのは、1964年、131メートルの京都タワー建設に反対して、「京都を愛する会」が結成され、反対運動が起こったときである。多くの学者・文化人が反対した。しかし、具体的な実践活動には結びつかず、また後に見るような市民運動はまだ起こっていなかった。これはいわば第1次景観論争である。

　20年後に第2次景観論争が起こる。1985年ごろから京都も民活・バブルの波に洗われ、応仁の乱以来とも称された「町こわし」に襲われる。市街地のマンション・ラッシュによって京都は大きく変貌した。1988～90年には「町こわし」の波は最高潮に達し、1991年6月のインディペンデント紙は「京都はす

でに荒れた街」とまで論評した。

　京都をとりまく三山の自然破壊もこの時期に続出した。モヒカン刈りにされた一条山、大文字山ゴルフ場、鴨川上流ダム、小倉山への残土投棄、市原野ゴミ焼却場、大見総合運動公園、深泥池側道拡幅、第二外環、丹波広域林道、大原ロープウェイ、ポンポン山ゴルフ場、東山・北山の山中・山麓への産業廃棄物投棄問題をはじめ、東山・北山・西山を問わず、多くの開発計画が進行しようとした。

　京都の町こわしの序曲は、1984年の宝ヶ池西武プリンスホテル建設問題だったが、その棹尾を飾ったのは、1990年にはじまった京都ホテル・京都駅ビル問題であった。これらの問題とそれに対する闘いを総称して第2次景観論争としてまとめることができる。

　第2次景観論争の中で、京都では多くの市民・住民運動が起こった。マンション建設に反対する「住環境を守る・京のまちづくり連絡会」、三山破壊に反対する「京都・水と緑をまもる連絡会」はそれぞれの課題でネットワークを形成した。外国の多くの著名なマスコミも京都破壊の問題を取り上げた。京都ホテル問題では「のっぽビル反対市民連合」と「京都仏教会」が反対運動の主役となった。駅ビル問題では「京都駅建て替え問題対策協議会」を中心に反対運動が展開され、のちに「まちづくり市民会議」が加わる。また京都高速道路問題も浮上して「京都道路問題連絡協議会」も結成された。

　第2次景観論争の中では、実は数多くの成果も生まれた。とくに三山周辺のいくつかのゴルフ場や多くの開発計画はストップした。しかし大局から見れば「町なか」は破壊されて、京都のイメージは著しくダウンした。京都が守れなかったという点で、市民側の敗北だったと言える。三山開発のプロジェクトは、民間企業がかかわった他、行政が推進しようとしたものも幾つかある。しかし町なかの開発問題と違って行政と経済界とが手を結んで推進したものではなかったという点が指摘できよう。

　こうした過去2回の景観論争での経験を通して、市民の生活に密着しない景観問題では市民が立ち上がるのは難しいと考えられていた。ポン・デ・

ザール問題はまさに第三次景観論争であり、京都の行く末を左右しかねない問題だった。しかしポン・デ・ザール問題は、保守・革新の別なく、一般市民に広くかつ深く浸透した。これほど全市民的に浸透した運動は、京都でもかつてなかった。過去の常識を破り、逆に景観論争であったために全市民の課題になったという驚くべき事態が起こったのである。市民が景観を守る問題で立ち上がり勝利した例は、おそらく全国でも最初のことと思われる。その中で鴨川の景観は改めて「市民の宝」となり、さらに「京都の景観は国民の共有財産」であるという位置づけを勝ち取ったのである。

(2) 国際公約に基づく計画の阻止

　鴨川の三条大橋〜四条大橋の中間にポン・デ・ザールの理念を生かしたアーチ橋を架けるという京都市長の構想が浮上したのは、1996年11月21日の桝本市長の記者会見の時であった。その前日にフランス大使館でのレセプションの席上、訪日中のシラク大統領が市長に「ポン・デ・ザール橋」建設を提案したと言うのである。

　しかし、ポン・デ・ザール構想が挫折した後に行われた情報公開請求によって市側から提出された資料を見ると、次のような経過が判明する。

　京都市都市建設局は、かなり以前から大阪のパシフィックコンサルタント株式会社に委嘱し、同社は1996年度に詳細かつ膨大な報告書を提出していた。報告書では、木橋やアーチ橋を含め6つの橋の形態が比較検討され、その中でアーチ橋の総合評価がもっとも高く、木橋は最も評価が低かった。実は三条〜四条間に歩道橋を架けるためには、特殊な絶対条件(建築限界)があり、先斗町南側で火災が発生した場合、三条大橋から消防車を高水敷に乗り入れ南下させることが必要とされていた。つまり、橋を架ける場合、橋の下に消防車が通れるだけの通過空間(幅3メートル、高さ4.5メートル)を確保する必要があった。そうした構造上の問題があるため、どんな橋を架けても川の西岸よりも橋の床は高くならざるを得ず、とくに木橋の場合は、先斗町の岸よりも2.9メートルも端の床が高くなり、著しく景観を害すると判断された。アーチ橋の場合が最も低く、西岸(先斗町側)より1.5メートル高くなる程度で納ま

るというのが検討結果であった。

　つまり京都市は予めアーチ橋架橋の方針を決めていた。しかし「木の橋を！」などの反対意見が出るのを恐れ、アーチ橋の権威づけをしようとしたのであろう。「日本におけるフランス年」のフランス側事務局との話合いの経過は不明であるが、結局シラク大統領の提案を京都市長が受けるという形をとってもらうことにしたと考えられる。しかし権威に頼ろうとする官僚的発想が、かえって墓穴を掘ることになったのだと思われる。

　ともあれ、大統領提案というお墨付きをもらって、ポン・デ・ザール架橋は国際公約として「日本におけるフランス年」「京都・パリ友情盟約締結40周年」記念の目玉商品と位置づけられることになった。しかし京都の顔、日本の顔に景観をフランス文化が占領するというのは、明らかにフランスの文化侵略であり、その阻止の意義の大きさとともに、国際公約に基づく計画を阻止したことは、前例のないケースではなかろうか。ル・モンド紙は「エリゼ宮（注：フランス大統領府）、京都でのポン・デ・ザールの戦いに敗れる」と題する記事を8月8日の紙面の第一面に飾り、ドイツのフランクフルター・アルゲマイネ・ツァイツング紙（8月9日）は、「古い寺院都市の反抗的市民は遠いガリアからの侵略を阻止した」と記した。

　なお、この問題は市民不在の姉妹都市のあり方にも警鐘を鳴らすものでもあった。

(3) 予算決定後の断念

　かつて京都市民の反対で阻止された大文字山ゴルフ場計画は、民間の開発計画であり、また鴨川上流ダムは府の最終計画決定以前の鴨川改修協議会の審議途中の段階での中止だった。今回のように自治体の予算決定後さらに運動が盛り上がりをみせ、中止に追い込んだのは貴重なケースと言える。もっとも一部に誤解があるが、予算決定後の公共事業の中止例は決して初めてというわけではない。

(4) 京都破壊ストップへの足がかり

　町づくりの確たるグランドヴィジョン不在の京都では、「京都が京都でな

くなる」と言われたバブル期の京都破壊の状況が、今日でも徐々にかつ確実に進行している。今回の計画阻止は、この京都破壊ストップへの大きな足がかりとなるとともに、住民不在・環境破壊・ムダ使い、そうした日本の公共事業に対しても一石を投ずるものであった。

(5) 救われた京都

　内館牧子さんが「京都が恥ずかしい街になる」と慨嘆し、小山内美江子さんが「もう京都をこわすのはいい加減にして」と憂慮し、折原あきのさんが「ざくざくと　壊さる京都」と嘆いたように、ポン・デ・ザール架橋問題は、古都京都の名誉が守れるか否かの最後の砦だったと言っても大袈裟ではなかったであろう。ここで京都破壊を止めなければ、古都京都の情趣は雪崩のように崩されていっただろう。パリ風の橋を断念させて京都を救った意義はきわめて大きいし、市民に京都の景観を守ろうとする勇気と自信を与え、市民の自治意識が大きく高まった点も大きな意義があると言ってよい。

(6) 草の根の市民運動の画期的成功

　反対運動は、非力だと考えられがちな草の根の市民運動が先頭に立ち、勝利を切り拓く灯台となった。それも「ポン・デ・ザール橋白紙撤回を求める連絡会」や「市民投票の会」を中心に１つや２つの市民運動ではなく、とうてい統括できるべくもないさまざまな形の市民や全国の京都を愛する人々の決起であった。その意義はきわめて大きい。

　第１次景観論争の主役は、学者・文化人だった。第２次景観論争で活躍したのは、一部の市民運動、京都仏教会、そして労働組合などの民主勢力であった。これらの景観論争ではまだそれらの組織に無関係の一般市民の立ち上がりはなかったと言える。今回のポン・デ・ザールでは、はじめて広く一般市民がかかわる運動となり、そしてそのことが１次・２次で果たせなかった勝利の要因ともなったのである。この市民の勝利は、20世紀前半の軍部の時代、後半の行政の時代に代わって、来たるべき21世紀が市民の時代、民衆の時代へと発展するだろうことを暗示したものだと言えるだろう。今後のさまざまな運動で、どうすれば広く一般市民がかかわる運動として展開できるか

を実証したいという意味でも今回の運動の意義は大きい。

2 勝利の要因

(1) 勝利の素地－運動を広げた潜在的要因－

　多様な運動のひろがりは、京都破壊に対する市民や全国の人々の危機感が根底にあったと言える。ポン・デ・ザールの問題は、いつしか学校でも塾でも家庭でも、そして飲み屋でも話題になったりした。さらには、かつての景観論争の中での景観破壊・京都破壊に反対した京都市民の運動が基盤になっており、今回の勝利はそれらの遺産と全国の人々の京都への思いとの集大成だったと言える。

　また全国で横行する公共事業のムダ使いに対する国民の厳しい批判の目が育ってきたことも背景にあったと言えるだろう。

(2) 単純明快な争点を掲げた運動

　端的に言って、今回掲げられた「鴨川に外国の橋はいらない」というスローガンは、市民の心情に強く訴えることに成功した。市民運動の成否の1つは、わかりやすい争点が掲げられるか否かが大きく影響する。多くの人びとが関心を持ち、そして誰にでも（できれば子供にでも）イエスかノーかの明確な判断ができる争点を中心に据えての運動展開かどうかが、広範な支持へ結びつくか否かを左右する。くどくどした説明の必要な争点は決して広がりを持たないものである。

(3) 住民不在への怒り

　橋建設に当初絶大な自信を市長は持っていた。また市民運動や市民の力量などは大したものではないと軽視していた。その自信の程は裏目に出て、反対の世論が高まっても市民の声を軽視し、聞こうとしなかった。世論の高まりとともに、市民不在の声はますます大きくなり、桝本市政不信へとつながっていった。

(4) 市長包囲網を作った運動の構築

　負けることが分かっていても闘わねばならぬこともある。しかし、行政の

横暴に対決する市民運動が成功するためには、運動の見通しを立て、それへ向けての運動を構築していく必要がある。その中で戦い抜く以外にはないのである。

　1997年10月末から年末にかけて広がった保守・革新を超えた広範な層からの反対の声を運動展開の下地とし、先斗町の女将、柴田京子さんの大奮闘と連絡会の全市街頭宣伝が、運動を市民の間に幅広く広げた。また柴田さんの手紙と「連絡会」の市内街宣が全国の人々に情報発信のキッカケをつくり、さらに壽岳章子(国語学者)・茂山千之丞(狂言役者)・土橋亨(映画監督)の三氏が全国に訴えた三氏アピールは、全国へと運動を広げ、4月の知事選、マスコミによる「市民投票の会」の宣伝、7月の参院選で重要な市民的課題へと発展した。市民の声を基礎に、運動を全市へ全国へと広げ、市民と京都を愛する全国の人びと、そして市民の多彩な運動が対市包囲網を形成し、堅固に見えたポン・デ・ザール城を落城させたのである。第2次景観論争時と違って経済界の反応が市長に冷たかったのも、市長を孤立させる1つの要因であった。

3　反対運動の教訓

(1) 運動の相手は行政ではなく、市民を主眼に

　行政への要請とか、有力者への工作、いわんや議員工作などに目を奪われてはいけない。勝負は市民の中への運動の広がりと深まりによって左右される。常に市政の主人公である市民に向かって運動を広げることこそ運動の基本である。そしてその方向こそが、市民の自治意識を高める最良の方法でもある。その点で既成の組織(民主団体など)が前面に出ない連絡会の街頭宣伝は市民の共感を呼び、市民を励まし、主催者も市民から励まされた。ひろがる要素を持った問題の場合の全市街宣の重要さが今回の運動を通じて立証された。

(2) 地元住民の不退転の活躍を市民運動が援護し、民主勢力がフォローする

　地元先斗町の女将柴田さんを始め、木屋町・飲料組合など数人の人たちが、行政や政治家の圧力に屈せず、最後まで闘い抜いた。これを草の根の市民運

動がバックアップし、若干の民主団体がフォローした。京都総評・市職労などのフォローがあってこそ運動は成功したのである。共産党も団体会員の一員として参加し、市民運動では困難な部分での支援と協力を行った。10回近くにわたる京都民報（週刊新聞）の橋問題特集も大きな効果を発揮した。また「ねっとわーく京都」（月刊誌）もしばしば橋問題を取り上げた。

　ただ、今回の連絡会の運動でもまだまだ未解決な課題の１つは、市民団体と既成の労働組合などいわゆる民主団体との関係である。市民団体の運動には一定の限界がある。労働組合や既成の民主団体の力を借りなければ、パフォーマンス的な大きな行事はもとより、街宣カーを使うことさえできない。これらのことは、運動の前進のためには労働組合などとの一定の提携が不可欠だということを示している。今回の場合「市民投票の会」が運動を広げる力量を持てなかったのは、こうした提携が進む条件を持たなかったからである。

　しかし、労働組合や民主団体が前面に出るというようなことになると、市民の間に運動は浸透しにくいという問題がある。例えば街宣の際に、労働組合の旗が立ったり、腕章を巻いた組合員などが出てくると、市民の間には違和感を感じる人が少なからずでてくる。市民運動の発展のためには、これらの問題をきちんと整理する必要があろう。

(3) 市民的課題にするためには選挙戦の争点にすることが１つのポイント

　知事選・参院選でポン・デ・ザール問題を訴え、反対の輪を広げた。京都では1989年の市長選で大文字山ゴルフ場問題、1990年知事選で鴨川ダム問題を取り上げ、選挙は敗れたものの、この２つの問題は市民的課題となり、選挙後ストップさせたという貴重な教訓は今回で３度実証されたのである。

　市民運動の当事者の中には、政治的な関わり合いを警戒し、もし選挙や政党に利用されたら……、と極度に嫌う人は当然ありえる。しかし運動が公共事業ストップを目指す時は、そこにこだわるかぎり運動の成功は困難といえる。民間主導のプロジェクトと違って、公共事業というものは、好むと好まざるとを問わず、行政の政治的決断という政治的なものであり、不当な公共事業を止めさせるためには、公共事業を計画した当事者の政治的決断を迫る

以外に方法はないと言ってよい。

(4) 草の根の市民運動でも勝利への道を切り拓くことは可能

連絡会には、最終的には39の団体、174人の個人が会員として参加していた。団体では、地元団体、市民運動団体、会社・企業、法律事務所などの他、六つほどの大きな団体が加入していた。しかし街頭宣伝や誰でも参加できる形式を採った拡大役員会などへの参加の常連は草の根の人びと20数名であった。そうした草の根の市民運動でも、市民の大きな声援の中では、また運動の構築のしかた如何では、勝利への道を切り拓く1つの原動力になりうることを示した。

(5) 景観問題でも闘いにできることを立証

全国の人びとの関心をひく鴨川の場合は特例だったかもしれない。しかし景観問題でも大きな闘いになることが立証された。

(6) 署名の価値は量より質

予算決定前の白紙撤回署名、決定後の予算凍結署名の合計は集約された総数が最終的には10万を超えた。

正確な集約数は次の通りである。ちなみに7月10日の凍結署名提出以後に集約された凍結署名総数（未提出のもの）は1万4755名分であった。

第1次　白紙撤回署名　5万8728
第2次　凍結署名　　　4万4458
合計　　　　　　　　10万3168

このうち柴田京子さんが集めた署名はその3分の1にあたる3万6279名分だった。なお、凍結署名で1000名を越す署名提出は、

市職労　　　　　　　2670
府職労　　　　　　　2551
東山の会　　　　　　1379
住民運動交流センター　1187
新建　　　　　　　　1424
市教組　　　　　　　1049

医労連・自治労連など　1418

　ちなみに、街宣は21回(延べ53.5時間、延べ83ヵ所)、延べ参加人員333人、署名数は白紙撤回署名1574名分、凍結署名2118名分、カンパ8500円であった。

　この署名数は決して多くはない。各行政区に署名の集約拠点を設けることもできず、一部労働組合などを除けば主体は草の根署名であった。実際には10数万の署名があったと考えられるが、集約拠点をほとんど持たぬため、埋もれたままになった署名が多数あったと考えられる。

　署名の三分の一は他府県の人の署名であったが、これは逆に全国へ問題を発信する契機となった。また有力な団体が集める大がかりな組織署名と違って、世論の圧倒的な支持と運動の高揚を背景にした中で提出される署名は、数は少なくともきわめて重い価値を持つものであることを示すものであった。

　いったいに署名は、その目的が何であるかによって置くべき力点に違いがあるように思われる。例えば訴訟支援のため裁判所などに提出する署名は、やはり数を問題にすべきであろう。しかし今回のように市政の包囲網をどう作るかという課題では、署名数よりも、どれだけ街頭で宣伝できたとか、どれだけビラが配られたか、署名を通じてどれだけの人びとに問題が伝えられたか、全市街宣の中でどれだけの人が「流し」の宣伝を聞いたか、などが広がりを作るもとになる。つまり署名の数よりも重要なのだと言える。後になって考えると、個人が集める署名の場合も、2、3分で読めるようなチラシを添える方がよかったと思う。署名に応じた人のもとに何の資料も配られずに終われば、せっかくの広がりの機会を断ち切ることになるわけだから。

　「署名に遭えて良かった」とか「私の署名が役立った」というような反応が多かったことは、署名の意味はまた違った重要性(たとえば市政参加や景観に対する関心の高揚)を持つといえるが、今回のような場合、一面署名は問題を広げる大事な手段であって必ずしも数にこだわるべきでないという側面も強かったといえる。署名の価値は量より質が重要だったと言えるだろう。

4 日本のマスコミとポン・デ・ザール

(1) 美談にすり替えられた失政

　白紙撤回についてのマスコミの評価には「市長の妥当・賢明な判断」(京都新聞・社説)、「決断を評価」(朝日新聞・社説)などとする社説や、また「実業界も『英断高く評価』」(朝日新聞)、「市民団体『決断を評価』」(毎日新聞)などとする見出しを掲げたり、「道に迷う恐れが出てきたら引き返してみるのも、1つの判断だ」(朝日新聞、「天声人語」)などと評価したりした。取り上げられた談話や投書欄には「英断」とか「すばらしい勇断」とするものもあった。市民や全国から声が上がり、市長がその声を十分に検討して英断を下したという筋書きで問題を見る立場である。つまり決行も中止も市長の胸先三寸にあるという市長が市政の主人公という立場からの評価である。ただし読売など一部の新聞は「市民パワー勝った」という見出しで報じた。また『週刊金曜日』などのように「市民投票の会」を必要以上に持ち上げようとする風潮も強かった。

　対照的なのは、外国紙の報道であった。ル・モンド紙(8月8日付)は「エリゼ宮、京都でのポン・デ・ザールの戦いに敗れる」という見出しで、「反対する人々が勝利した」「日本にもまだ世論は存在しているのである」という筋でこの記事を扱った。フランクフルター・アルゲマイネ・ツァイトング紙(8月9日付)は「分別ある橋の一撃」というサブタイトルで、市民がフランスの侵略阻止と記した。これらは評価の視点を市民が市政の主人公ということに置いたのである。

(2) ル・モンドに破れた日本のマスコミ

　ポン・デ・ザール問題で最初に論陣を張ったのはル・モンドであった。1997年9月10日、ル・モンドが「京都の景観破壊」と題して橋の計画を批判すると、日本のマスコミはそれまでの単に事実関係だけを報道する傍観者的態度から変化を見せ始めた。9月20日頃からマスコミの橋問題に対する特集が始まる。

　由来日本のマスコミは、景観問題に関してはきわめて慎重である。「景観

は主観的なもの」とする思考様式と報道の客観性というタブーに支配され、景観論争という形に発展しないと報道をしない。景観に対する独自の見識を打ち出せないのである。こうしてポン・デ・ザール問題では日本のマスコミは、出発点からル・モンドに遅れをとった。その後も例えば「賛否渦巻く」といった具合に表現したりした。実際は賛成意見はごく少数であったにもかかわらず、賛否を同比重で取り上げないと報道の客観性・中立性が保てないとするのである。そこから真実の報道が遠ざかることになる。朝日新聞や日本経済新聞以外は「連絡会」の活動にほとんど触れずに「市民投票の会」が旗揚げすると、これを持ち上げる報道で賑わう。時流に迎合するこうした姿勢がますます真実から遠ざかる役割を果たした。

そして挙げ句の果てが一部報道による失政の美化であった。NHKに至っては(教育テレビを除き)取材はしながら、ポン・デ・ザール問題の報道には目をつぶろうとした。景観問題から、そして市民運動から目をそむけた日本の多くのマスコミは、世界的に影響の大きいル・モンド紙が第1面中央に取り上げた意味を深く学ぶべきであり、また報道戦でフィリップ・ポンスという東京駐在のたった1人のル・モンド特派員に始終遅れをとったことを深く反省すべきであろう。

ポン・デ・ザール問題に示された日本のマスコミの対応は、全国の他の市民運動や公共事業をめぐる評価と報道にも共通する問題ではないかと考えられ、その点で大きな警鐘を鳴らしている。

5 あとがき

1999年2月18日、京都市は、1999年度予算案に鴨川歩道橋の「計画検討費」として3000万円を計上することを発表した。ポン・デ・ザールは白紙撤回されたが、歩道橋問題は再燃したのである。98年度予算に計上されたパリ風の橋建設費3億3000万円は一応全額を削る模様で、新たに学識経験者らでつくる検討委員会を発足させ、「市民の意見を十分に聞き、みんなに喜ばれる橋をつくりたい」(市街路建設課)という意向を打ち出した。

市民や全国の人びとの声に押されて、市民合意に見せかけたポーズは取ろうとしているものの、「はじめに橋ありき」とする市の姿勢は変わらぬわけで、こうした場合の学識経験者というのは、市の意向を推進する人々が選ばれるのは明らかである。
　橋自体が不要という市民や全国の人々の声も多い。私たちも、京都の最後の大景観を残す鴨川の三条〜四条間のかけがえのない河川空間の変容そのものに、基本的に反対である。鴨川の景観(先斗町の町並みを含む)は一部の人々の占有物ではなく、京都市民や全国の人々の貴重な共有財産である以上、橋建設の可否に立ち戻って、全市民や全国の人々の声を謙虚に聞くことは当然と考えなければなるまい。
　「ポン・デ・ザール」構想の白紙撤回後、「白紙撤回を求める連絡会」を改組して出発した「鴨川の景観を守る連絡会」では、"鴨川歩道橋問題は白紙に戻せ"という申入書を２月24日に京都市に提出し、新たな景観論争に火をつけたいと考えている。
　鴨川「冬の陣」で、ポン・デ・ザールという外堀を埋めた京都市民と全国の人びとの声は、いよいよ「夏の陣」に直面するわけである。私たちは、基本的に市民に依拠して「夏の陣」を闘い抜き勝利したいと考えている。
　この間、神戸空港、吉野川可動堰問題など、住民投票を求める多くの運動が起こり、法定数をはるかに超える膨大な署名を集めながら、首長と議会という壁によって住民投票条例の制定が拒否される事例が起きている。私たちがポン・デ・ザール問題で危惧した心配が現実のものとなったのである。
　大切なことはみんなの意見を聞いて住民の多数決で決める——それは民主主義の原点である。しかし神戸でも徳島でも、行政は「住民は分析能力に欠け、情緒的な決定をする恐れがある」とし、与党会派議員は、口では「住民投票制度は否定しない」といいつつ、「議会や行政が決めたことに市民は口を出すな」という、お上の意向に市民は逆らうなという意識や、いったん決定に参加した面子という気持ちが根強い。つまり、今の公共事業の在り方を支配するのは、政治的な力関係なのであって、そうした前提に立って、市民を無

視して事業を強行すれば、関係者の政治的生命が危ないという状況を作り出すために、市民運動を起こす時期や戦術を慎重に選ぶ必要があると言えるのであろう。

　一方、名古屋の藤前干潟の場合は、長良川河口堰や諫早湾の干拓事業強行で烈しい批判を浴びた環境庁や、統一地方選を控えた地元政治家の思惑が働き、埋立を回避することができた。明らかに純粋な環境保護の決断ではなく、環境庁の政治的選択であったと言える。

　神戸や徳島の市民たちが、今日の厳しい現実に対して諦めず、さらに運動を強化し、市民と首長・与党会派との力関係の逆転に成功するなら、今後の住民投票運動の成功の比率は飛躍的に高まるであろう。そして21世紀の遅くない時期に、重要な市民的課題は住民投票でというのが当たり前という時代が到来するであろう。

　予算がついても着工されなかったり、社会情勢の変化に合わなくなったりして事業を見直す「時のアセス」という概念は、決して事業主体の英断ではなく、追い詰められた場合の政治的選択なのである。

　私たちは、引き続いて鴨川歩道橋問題を白紙に戻す運動に取り組む。京都や全国の人々にポン・デ・ザール阻止の快挙実現を心から感謝するとともに、今後も鴨川の景観が守られ、先斗町の情緒が守られるよう引き続いてのご声援を心からお願いしたいと考えて筆を措きます。

第6章　環境創造への挑戦

1　使い捨て時代を考える会

　1973年、槌田劭氏は「使い捨て時代を考える会」を結成した。20人余りの有志が集まった。古紙の回収から始め、石けん、ミカン、平飼いの卵、有機的農法による産物と取り扱い品目を広げていった。会員は消費者と生産者双方となっている。本会は共同購入を目的とする生活共同組合運動ではない。有機農産物を扱うのは、食物を通して現在の生活を考えるためである。考える素材としての農産物であるという位置づけをしている。

　会員が増加してくる状況のもとで、いかに運動を継続するかについての議論から、株式会社を設立することが提案された。会員農家から町に生活する消費者をつなぐ組織として株式会社の形を取ることが提起されたのである。こうして1975年に株式会社安全農産供給センターが設立された。

　最初は貸し倉庫に数代のトラックを配置して会社は操業を始めた。農家に作物をトラックで取りに行き、翌日各グループに配送する方式が取られた。各グループは5～8世帯からなり、配送された野菜を分け合う方式が取られた。価格は、年間の供給量とともに生産農家が十分な所得を得られる額に決められる。輸入品は生産者の顔が見えないこと、多大なエネルギーを使い輸送するムダがあることから扱わない。

1998年、会は25周年を迎えた。(株)安全農産供給センターは土地、建物を所有するまでになり、8台の2トン積みトラックと13人の専従職員を配するまでになった。会員数2000人、共同購入グループ560を数える。年商5億円の規模である。週1回の配送により、食物のみならず、印刷物により情報ももたらされる。

　使い捨て時代を考える会は多くの主婦の活動により支えられている。石けん使用、蛍光剤を使っていないタオルと下着の利用、反原発、リサイクル、食品添加物拒否、有機的農業支援、農薬拒否、食料輸入批判、遺伝子操作食品反対などについての運動が本会の会員により継続されている。

　食物を作る農家は、本会の会員であり有機農業に取り組んでいる。安全農産供給センターのトラックが各農家をまわり農産物を引き取る。農家の作付けは、年間計画により値段と量があらかじめ決められる。収穫時期は、農作物が決める。配送されてくる野菜はすべて季節のものである。配送された農作物により、消費者は献立を考えることになる。卵については、地面にちゃんと足をつけて自由に動きまわるニワトリが生んだものが供給される。牛乳は65度で殺菌したものである。消費者は援農と称してときどき農家を訪問する。供給される野菜はだれが作っているのかすぐ分かる。

1　槌田劭氏の生い立ち

　槌田劭氏は現在も使い捨て時代を考える会、(株)安全農産供給センターの指導者である。槌田氏は1935年、大阪に生まれ、戦争中、福井県に疎開した。父は槌田龍太郎(農学者)であり、戦後、化学肥料の利用に反対した。槌田氏は朝鮮戦争での日本の復興を体験した。京都大学で金属物理学を学び、ペンシルヴェニア大学に留学したのち、京都大学工学部の助教授となる。60年代の終わりに全学共闘会議が大学の権威に挑戦した時、槌田氏に大きな転機が訪れた。学生の投げた石が頭にあたったこともあった。

　次男がアトピー症で苦しんだ。オムツを合成洗剤で洗っていた。2年ほどしてその原因が合成洗剤と分かったことから、親としておおいに反省するこ

とがあったという。

こうした体験から、世の中がおかしい、何かしなければいけないと思うようになった。この世の中は金本位で動き、人々は病み、将来の世代に負担をかけているのでないかと悩む。ヤマギシ会の愛農高校で学ぶ。世間から離れて世直しするのでなく、町の中の生活の中で世を変えることはできないものかと考えた。その考えから使い捨て時代を考える会が生まれたという。

2 諸活動

1979年、槌田氏は京都大学を辞任した。京都大学は物を造ることしか教えないと槌田氏は思った。京都大学の卒業生は社会の第一線に立って活躍している。しかし、それはものを作った後の仕事を習っていないので、むしろ社会的な問題を作り出しているにすぎない。このような大学に自分を置いておけないと考えたからである。槌田氏は京都精華大学に移ったのである。そこの大学学生の偏差値は高くない。しかし、学生はのびのびしている。一流大学に入り、一流企業に就職するのが幸せかという疑問があるとも言う。

槌田氏は滋賀県の山地を開墾し、四反百姓をめざす。そして農家登録をした。

また槌田氏は料理講習会の講師を務める。みそ作り、オカラ料理講習会などが開かれる。会事務所で新しい会員のために月1回説明会を開く。よく会の機関誌に短い文章を載せる。

著作としては『共生の時代』(樹心社、1981年)、『破滅にいたる工業的くらし』(樹心社、1983年)、『未来へつなぐ農的くらし』(樹心社、1983年)、『自立と共生』(樹心社、1994年)、『地球を壊さない生き方の本』(岩波ジュニア新書、1990年) などがある。

槌田氏は玄米食、野菜食中心の食生活を実行している。ネクタイをせず、運動靴を履き、新幹線には乗らない。車を所有せず。断食もする。

3 主張

(1) 人間尊重の生活主義

「生きる必要を越えた過大な欲望を抑制しない限り破局は防ぎようがない」としても自分の現実を顧みた時ため息をつくという。小さな抑制をしたくらいではいまの破壊的な文明は止まらないほど巨大である。「人間は抑制しうるか」という問題に関係している。自動車に乗らずに生きることは難しい。原則として新幹線に乗らないといっても時には乗ってしまう。「ひとりひとりの努力だけでは地球環境の破壊は防げない」「ひとりひとりが解決しなければならない」と理屈をこねてもしかたがない。危機の解釈と解決に明け暮れるのもおもしろくない。生きた生活の現実と自分たちひとりひとりの生きる幸せを離れて道徳を語るのも空しい。日常の中の小さなこだわりから、自分たちの幸福をまず大事にしたいと主張する。

暖かい感情をもってやさしい人間の生き方を中心に考える。現在の人間はけっして幸せに生きてはいない。金儲けしか考えない激しい競争をしている。上昇思考に乗りお金と地位を求めるあまり、自由とのびやかさのある生活を忘れている。お金と地位追求の競争に明け暮れている「危険な錯覚」で動く社会が地球環境を破壊している。

あくせくと金に追われている世界から抜け出せば、その程度において人は幸福になりうると主張した。槌田氏は京都大学を辞めて幸せだと言う。

京都大学では四苦八苦しながら上昇思考に乗る他に道はないと考えていた。自然の中に生きている生きもの達は自由で自立している。そういった道を大切にしたいと。

(2) 農業中心

食べることが大切なのはそれが基本的必要性の問題であるからである。食物を作る農業が大切なのは当然である。しかし、金中心の世の中では農業では生きられない。

この状態からの脱却が必要である。農家と消費者は協力して助け合い幸せ

に生きることが大切である。農業が大事にされる社会を作ることを提唱する。

　槌田氏は化学肥料、農薬づけの農業から有機農業への転換を支持する。有機農業研究会の指導的地位を占める。自分で開墾した土地で有機農業を実行している。

(3) 自然に近く生きる

　土を離れコンリートの箱に身を置き、地上高く寝る無理や金属の箱に身をまかせ空中に浮き上がる無理をしている。事故が発生しても自助不能な自然界に身をおいている。そんな危険とひきかえに文明の利便を楽しんでいるのではないか。その文明は金もうけのために拡大発展してきた。自然界の生きた世界はコンリートや金属の密室も大地から足を離す無理もない。自然は生きている。緑の世界は、大地に根を張って生きている。この緑の世界が動物たちの生存を保証してきた。人間の生存もまたこの緑のおかげであり、豊かに生きる大地のおかげである。われわれの前に２つの道がある。金属、コンクリートの箱の中に孤独を選ぶのか、地に足つかぬ文明と金儲けに走るのか。はたまた多種多様の生きものが共生する緑に囲まれ、地に足をつけて生きるのか。

4　おわりに

　使い捨て時代を考える会はこのように槌田氏の考えを中心に運動を進めてきた。日常生活の中から消費者として、健康と環境によいものを選び抜く静かで継続的運動をその特色とする。ただ自分だけはより安全でよい食べのものを食べて安心しましょうという運動ではない。日常生活のなかに問題を見いだし、考え、お互いに助けあって行こうとする運動である。汚れた俗世間から隔絶した所に移住し、清純な生活をめざす団体でもない。あくまで平凡な日常生活になかで美しい生活をめざす運動である。美しいとは、生物の一員として、自然の摂理に逆らわずつつましやかに地球に調和的に生きることである。人工的化学物質を乱用し、放射性廃棄物を作り続け、遺伝子を思いのままに操作するような不遜な人類社会の現傾向に違和感を感じる運動体な

のである。本会は何でも使い捨てにする物質主義的社会を憂い人間の暖かさが感じられる社会を回復する試みと、私は考えている。熟年の女性の会員が多数をしめるこの運動体は母性的でありやさしく日常的である。

使い捨て時代を考える会はこのように優れて1つの環境倫理を表現している。

参考文献
1 槌田劭、『自立と共生』樹心社、1994年
2 槌田劭、『破滅にいたる工業的くらし』樹心社、1983年
3 長谷敏夫、『国際環境論』時潮社、2000年

2 環境市民の誕生

バブル経済の盛り、ビルの持ち主が環境のための財団設立を弁護士に相談した。数億円のビル売却益を寄付して財団を作りたいとの提案であった。そのため準備委員会が有志で結成され、財団の事業内容の検討が続けられた。京都市が歴史都市会議を主催したとき、民間団体としてもう1つの都市会議を企画した人々が中心であった。京都弁護士会環境委員長を務め、また琵琶湖環境権訴訟を担当した弁護士、折田泰宏氏が呼びかけ人であり、事務局は京都市清掃局を9年勤めた後退職し、市民運動に専念している杦本育夫氏が担当した。

環境財団は特定の事業に反対する団体ではなく、環境教育を推進し、企業や消費者へ情報提供をするような新しい型の環境保護団体設立を目指した。月刊誌を発行することや、講習会、講演会、見学会を主催したり、野外に小屋を作り活動拠点とすることも視野に入れた。しかしこの準備段階でバブル経済ははじけ、寄付主のビル売却による寄贈が出来なくなった。そこで準備委員会は財団ではなく、社団法人の形で組織を作ることで合意した。

こうして1993年に、「環境市民」は誕生した。個人会員と法人会員を募った。

年会費、事業収益によって会の収入とすることになった。多くの専門家がそれぞれの知識を生かし、この新しい環境市民に参加してきた。花園大学国際禅研究所の柳田聖山氏、生態学者で滋賀大学学長の森主一氏を代表に据え、理事には弁護士、大学教授、広告代理店の社員、運動家を配した。

　環境市民は市役所近くのビルの一室を借りて活動を開始した。グリーン・コンシューマー、環境教育、野外動植物観察、エコツーリズムなど、複数の課題に取り組んでいった。スーパーや百貨店に行き、包装物の問題を話し合った。またスーパーと共同で催し物を企画することになった。エコツーリズムは修学旅行生が京都に多く来ることから、環境を学ぶような旅行に変えようと考えられた。日本旅行と協力して修学旅行生のためのエコツーリズムのプログラムを作り、実施している。またエコツーリズムの研究会も生まれ、実際に旅行団を組んでエコ・ツアーを実施している。企業のグリーン化についても助言し、企業の研修に講師を派遣している。

　ローカル・アジェンダ21の作成については市民参加が強く要請されるところ、環境市民は京都市、長岡京市と組んでローカル・アジェンダ21の作成に関わった。また、京都市の環境学習センターの設立にあたっては、企画段階から実際の建設に関わった。福井県武生市の環境顧問としても活動している。会員の1人が西山にある土地の提供の申し出をした。そこでフジフィルムファンドにより資金を得て、山小屋を建てることができた。ここで観察会や合宿、炭焼きを毎年実施している。

1　みどりの英会話

　グリーンイングリッシュの授業を組織したところ、環境問題を英語で学ぼうとする人々の人気を集めた。1クラス5〜7名で6クラスを編成している。環境市民は月刊で「みどりのニュースレター」を発行しており、会員に配布される。ここに活動に関するすべての情報が載る。

2　講演会

　スウェーデン、ドイツの環境保護団体や環境自治体と交流を続けている。ドイツ文化センター(ゲーテ・インスイテュート)の支援のもと、ドイツより環境専門家や市長を呼んで、講演会を催している。1997年、リボス社(ドイツのペンキ製造会社)のウラ・エドガード博士は、室内汚染、アレルギーについて講義した。この時、ゲーテ・インステュートは会場や通訳費を援助、またリボス社と取引している池田コーポレーションより資金援助があった。2000年11月23日に主催した「環境首都を創る」セミナーは、地球環境基金の助成を受けた。このセミナーにはドイツのハム市、エッカーンフェルデ市から担当者がきて環境都市について話した。

3　地球温暖化の取り組み

　国際的な環境会議においてNGOは大きな役割を果たしている。会議が開かれるたびにNGOは多くの活動家を送り、会議に圧力をかけるのである。1997年12月に京都で地球温暖化防止会議(COP3)が開かれるにあたって、日本のNGOの組織の準備不足が心配された。すなわち温暖化に取り組む地元NGOが十分組織されていなかったのである。環境市民は京都でのNGOの組織を作るべく、代表者浅岡美恵弁護士を中核に、気候フォーラムの結成に力を尽くした。浅岡美恵氏は森主一代表辞任の後、環境市民の代表を務めている。環境市民から気候フォーラムの事務局に人を送り、気候フォーラムを結成し、他国から京都へ来るNGOの受け入れや、京都での行動についての事務を行った。環境市民の若い会員は劇団(エコ座)を作り、劇を通して、温暖化防止を訴える。COP3の開催中の日曜日、市内で5万人のデモを組織した。この気候フォーラムは会議後、気候ネットワークと名前を変え活動を継続している。環境市民代表の浅岡美恵はこのネットワークの代表としてCOPのあるごとに主催都市へ足を運んでいる。

4 会 員

　環境市民の会員は1000人を超えた。会費は4000円（年）である。専任職員は3人いる。生活保護費に近い賃金しか給与として払われていない。この3人以外の活動家はすべて自主的に事務所に集まって働いている。会員の中で目立つのは環境問題を研究したり教えたりする専門家集団である。自然科学工学、法律、経済、政治学の専門家など、様々な分野の学者が会員になっている。環境市民は京都を中心に活動を進めてきたが、滋賀県や名古屋の方にも会員が増加した。そこで滋賀、名古屋支部ができ、活動地域が広がっている。各支部はまた独自の活動をしている。

　会員はいつでも会事務所に行き、自分の企画を進めることができる。それに賛同者がついて会の活動となっていく。農地を借りて野菜を育てるグループ、自然住宅を研究するグループなど、多様性に富んだ活動が展開されている。

5 企業、自治体との関係

　企業と自治体との関係においてはあくまで独立する関係でなく協力し合う関係にある。自治体に環境政策の細かい点について助言したり、合同してローカル・アジェンダ21を作っている。企業が環境市民の会員になっている。また自治体の環境部局の職員も個人会員として会に入っている。2001年4月から、高知県は職員1人を環境市民に出向させるようになった。環境に関する研修をさせるねらいと、環境市民の活動を支援するねらいをもった措置である。橋本大二郎知事の発案を環境市民が受け入れたのである。

6 NPOについて

　環境市民は現在特定活動公益法人（NPO）として法人化するのかどうかについて議論を進めている。創設されてから法人でない形で活動してきた。自治体や企業との契約を結ぶとき、特に不都合が生じたわけではない。2年の議

論を経てNPO法人になることについてほぼ合意が得られた。そして2002年3月8日、特定非営利活動法人(NPO)環境市民が誕生した。

7 おわりに

　環境市民の成長はまず何よりも最初から熱心に組織を作ってきた事務責任者の指導力の賜物である。この事務責任者は環境市民に各専門家を参加させ、企業や自治体を引き入れて今日の組織を作り上げた。また環境市民に参加する人は、新しい感覚を持って活動を支えてきた。自分の専門知識を社会的に役立てたいという善意をもって会に参加している。企業内や自分の活動する組織は窮屈で自由がきかない。環境市民の場で自分の創造性と力を十分に発揮する人々がいる。環境市民での活動が生きがいとなっている。環境市民が自己実現と満足を与えてくれるのである。反対運動はだれも喜んでやるものではない。公害に直面してやむなく運動をするものである。本当は反対運動をするより他のことがしたいのである。ところが環境市民のやり方は、やりたい人がやるといった趣味性が強いものとなっている点に特質がある。環境市民は1990年代に誕生した、新しい形の環境保護運動である。

〈環境市民の組織〉

代表2名
　　｜
総会(年1回)
　　｜
理事会(理事、評議員)
　　｜
事務局(3人、他ボランティア)
　　｜
各活動グループ(12)

①「グリーンコンシューマーグループ」……買い物を考える
②「SKIP」……キャンペーン、教育開発
③「エコファーム」……農場での野菜づくり
④「楽貧(らっぴん)倶楽部」……料理教室を開く
⑤「森のフィールド」……山小屋での活動、自然観察会、炭焼き
⑥「みどりの英会話」……環境問題を英語で学ぶ
⑦「みどりのニュースレター編集部」……月1回、ニュースレターの発行
⑧「エコシティー研究会」……地方自治体と一緒に、ローカル・アジェンダ21を作る
⑨「自然住宅研究会」……シックハウスのない住宅の研究を実施
⑩「エコ・ツアー研究会」……旅行のグリーン化を目指す研究と、エコ・ツアーの実施
⑪「気候変動問題研究会」……COP3の後追い
⑫「環境入門、野の塾」……環境問題に関する理解を深めるための催し、シンポジウムなどの開催

第7章　動物の権利を考える
―アマミノクロウサギ訴訟から―

1　動物の権利の主張

　奄美大島に2カ所のゴルフ場が計画され、業者は鹿児島県知事に林地の開発を許可するよう申請し、許可を得たところから事件は始まる。ゴルフ場予定地は、自然豊かな森林であり、多様な動物、植物が平和な生活を送っていた。ゴルフ場の造成はこれら豊かな生物の生存空間の破壊を意味し、そこに住む動物の絶滅を意味する。

　アマミノクロウサギ訴訟(鹿児島地裁平成7年(行ウあ第1号))は1995年2月23日に提訴された。原告は、アマミノクロウサギ、オオトラツグミ、アマミノヤマシギ、ルリカケス、環境ネットワーク、自然人18人である。被告は鹿児島県知事である。被告が2社になした森林法10条の2に基づく林地開発行為の許可処分の無効確認、取り消しを求めた。

　本件ではなぜアマミノクロウサギ他、動物が原告として登場したのか。

　動物を原告に選んだのは、訴訟の

図1　アマミノクロウサギ

方法の1つとしてである。動物が原告になるという意表をつく行動によってニュース価値を与え、広く世間の注目を集めることができる。ゴルフ場の建設を差し止める理由づけにおいてそこに住む動物を主役にすることにより訴訟の目的をよりわかりやすくすることができる。アマミノクロウサギは奄美大島にしか生息しない希少種であり、文化財保護法により特別天然記念物に指定されているという偶然もあった。ルリカケスも同様に天然記念物に指定されている。

本件は米国のミネラルキング渓谷訴訟（シェラクラブ対モートン内務長官、1972年）を踏まえている。そのことは、原告訴状の中にミネラルキング事件のことが引用されていること、また、米国最高裁判事のダグラス判事の反対意見の紹介、その理論を提供したストーン論文の引用に明らかである。米国の一連の動物権訴訟の流れに沿ったものということができる。

ミネラルキング事件はスキー場開発を許可した内務省長官を相手とする許可取り消し訴訟であった。原告は自然保護団体シェラクラブである。本件とはゴルフ場開発を許可した鹿児島県知事に対する訴訟である点が共通している。原告が、自然保護を訴える保護団体により代理されるミネラルキング渓谷や動物といった自然物である点も同じである。

本件でのシェラクラブの訴は棄却された。しかし、連邦最高裁判所が環境保護団体たるシェラクラブに原告適格を認めた最初の事件であった[1]。この後米国では環境訴訟において原告適格性が広げられていく[2]。

本件は日本ではじめて動物を原告に立てたものであった。日本ではこの訴訟方式がモデルとなり後の訴訟に動物、植物を原告とする訴訟が続いた。すなわち諫早湾埋め立てに抗議するムツゴロウ、川崎市の緑地破壊に反対するキツネ、タヌキ、ギンヤンマ、ワレモコウ、茨城県で道路建設による生息空間の破壊と戦うオオヒシクイなどの訴訟が続いている。

本件の裁判は形式的に進行し、アマミノクロウサギ等の動物は実定法上、原告適格性を有しないと裁判所により断ぜられた。動物とともに訴訟を提起した自然人18人により訴訟は辛うじて維持されているがごときである。

第7章 動物の権利を考える―アマミノクロウサギ訴訟から― 121

「アマミノクロウサギ外3種の動物名による原告らの表示につき、これを文字どおり動物と解するときは、動物が訴え提起等の訴訟行為をすることなどおよそあり得ない事柄である以上……」

(アマミクロウサギ事件[3]　1995年3月22日鹿児島地裁　訴状却下)

実定法の厳格な解釈から動物の原告適格性は導き出せないと考えるこの判決は、想像力を欠きあまりにも形式的な判断ではないか。もっとも原告弁護団にしても、アマミノクロウサギが原告として認められないことを想定し、自然人も原告にして訴訟を維持した。

2001年1月22日、鹿児島地方裁判所はこれら自然人に対しても原告適確性を認めず、訴訟を却下した(朝日新聞朝刊、2001年1月23日)。

かつて琵琶湖環境権訴訟が提起された。琵琶湖の水利用者千余名が環境権を根拠に琵琶湖の総合開発の差し止めを求める訴訟であった。当時、環境権という主張は耳新しく、裁判でこれを主張したことが注目された。動物の権利訴訟は、過去の環境権訴訟の新奇性、画期性を思い起させる。

本論文では動物の訴権主張の背景にある考えに焦点をあてる。本件は人間と動物の関係を考える重要な素材を提供していると考えられる。本件は野生動物の価値を考える社会的な機会を提供しているのである。

いったい人間が他の生物、山や川の風景を守る義務があるのか。

「ない」という考え方をまず紹介しよう。人間は地球の支配者である。すべてのものは人間のために存在する。人間の都合のよいように動物、植物を利用すべしとする。動物等を保護するかどうかは人間の任意なのである。ゴルフ場を作ることにより野生生物を滅ぼしても何ら問題はない。人間の快楽の追求は野生動物の値打ちよりも高い。化粧品、医薬品開発のためには、動物実験が不可欠とされ、多くの動物が利用されている。干潟の埋め立て、ダムの建設にも同様の考えが貫かれている。この考えは人間中心主義と呼ばれる。

人間中心主義の考えに立ったとしても自然保護をまったくしていないかというとそうでもない。生物の種の絶滅が急速に進行している情況下、法律により一定の保護を加えてきた。とくに、人間の目に照らして、美しい種、稀

少な種、人間に有用と考えられる種にかぎり保護が与えられる。その一方、「雑草」、「雑菌」、「害虫」などは、駆除される。これらは功利主義的思考である。人間にとって有用であるから保護するとなすのである。人間のために地球が存在し、いかに上手に地球を管理するのかという発想である。これが現在行われている自然保護の背景にある考え方ではないだろうか。

次に自然を守る義務が「ある」とする考え方を検討しよう。本件はまさにこの問いに関するものである。まず、ミネラル・キング渓谷開発訴訟に影響をおよぼしたストーン教授の考えを検討し、次にディープ・エコロジーの見解を見よう。

ストーン教授は、『樹木は当事者適格を有するか——自然物の法的権利について』("Trees have legal standings?")[4]の中で、川や樹木たちは、自分で訴訟を起こすことができないが、法的に代理できると考えた。ダグラス判事はストーンの論文を判決前に読んだ。ダグラス判事は、もともと原生自然保護の闘士であり、人以外の生命に対しても、人間が尊重すべき権利があると考えていたと言われる[5]。

米国における1970年代の哲学界、動物保護運動の行動や主張、生物保護に関する法律の制定の文脈を考慮しなければならない。詩人、医学者、哲学者、法律家が自然の権利について発言を増やしていった。1962年に発刊された『沈黙の春』はすでに、人間の思い上がりを批判し、自然の神秘的美しさを強調していた。また、環境保護運動の諸団体は、直接行動を通じて広く、世論に、残酷に扱われる動物の悲劇を印象づけたし、原生林の伐採に身を張って抵抗、またダムの建設に激しく抵抗した。動物解放戦線は、各地の研究所に侵入し、囚われている動物を解放した[6]。アースファーストは、伐採予定の木にスパイクをうちこみ、ブルドーザーのガソリンタンクの中に砂糖をいれて妨害工作を進めた[7]。このように米国において生物を保護する運動が活発化し、訴訟にも「自然の権利」という形でその主張が登場してきた。日本における自然権の訴訟も米国での展開に多くを負っている。

米国では独立戦争、奴隷解放運動、公民権運動の考えと憲法的伝統(権力分

立、自由主義)を踏まえて環境保護運動が動植物の保護を訴えるようになった。さらに立法の面でも、原生自然地域保護法、実験動物福祉法、絶滅危険種保護法、海洋哺乳動物保護法等が成立し、また改正が行われた[8]。

　米国の裁判所は、70年代から環境訴訟において司法積極主義を取るようになった。すなわち裁判所が環境政策の是非を立法権、行政権による決定に追随することなく裁判官が独自の立場で環境政策を司法審査し、政策決定するのである。裁判官は立法権があまりにも特定の利害団体に支配されていると考え、また行政権もみずからの組織の利益しか考慮していないとする。裁判所がすべての事情を考えて判断すべきとする態度である。ダムや道路などの巨大な開発に反対する人々は裁判所への訴訟を増やし、政治的役割を果たす裁判所から利益を受けてきた[9]。政治的ロビー活動をするグループは司法的戦略を補助手段として利用することが多い。

2 ディープ・エコロジーの視点

　ノルウェイの哲学者アルネ・ネスによれば、生物にはすべて同等の価値がある。生きていること自体、意味があると考える。特定の生物を人間への有用性を基準として価値づけることをしない。すべての生きものには本来的な価値があると考えるのである。本来的価値とは、それ自身が値打を持つということ、機能や利用の有用性から判断されるものでない[10]。人間以外の生物は目的そのものであり、手段ではない。これらを人間と同等なものとして位置づけを与える考えである。全生物平等主義ともよばれる。ディープ・エコロジーは人間のみに価値を認めず、すべての生物にも本質的価値を認めるべきだと考えるのである。これがディープ・エコロジーの主張の1つである[11]。

　しかし、この考えも結局人間が考えたものであり、ミネラルキング渓谷にとってもっともよいものが何かと考える時「人間中心主義」になっているのではないかとの批判的見解がある。自然の価値づけはすべて人間により行われるものであり、すべての規範的倫理は結局、人間中心的であるとうことを忘

れてはいけないとフェリは指摘する[12]。フェリは、デカルトの主知主義（我思う、ゆえに我あり）からこのことを指摘している。

すなわち人間のみに価値を認め、非人間には価値を認めないとする立場と、すべての物に価値を認める立場の違いに帰着する。自然の権利という主張は、後者の考えを反映するものである。

自然の権利は美しい概念であるとされる[13]。生物は本質的に価値があるという直感に基づいている。哲学的であり、本質的価値を主張するためには、哲学的根拠を探さねばならない。キャリコットによれば下記4つの根拠が考えられるという[14]。

1. キリスト教的伝統によることが可能。神は世界を作り、ものを作られた。神の創造されたものが等しく価値をもつのは当然である。
2. 全体主義的合理主義：生物圏全体として価値がある。
3. 意味論的解釈：個々の動物の精神的健康状態に注目する。すべての生き物は生きる意思を表明している。そのことは生き物すべてが、本質的価値をもっているということである。
4. 生物的共感：私たちは、自分に直接関係のない、未知の人に対しても利害抜きの共感と利己的でない哀れみの情を持つことができる。この他者への思いやりの感情により人間以外の生物が本質的価値を持つという倫理的本能を正当化しうる。

ティラーは、有機的に統一された秩序の中ですべての生物が相互依存的に生きていると言う[15]。以下ティラーの倫理観を紹介する。この秩序の均衡と安定性の実現がすべての生物圏の構成者にとって必要な条件である。人間は、地球の共同社会の構成員として他の生物とともに地球との間に共通の関係を持っている。人間は多くの生物のうちの1つにすぎない。各々の生きものが固有の価値を有している。人間の存在はまた生物の進化の過程により偶然もたらされたもので、とくに特別の存在ということでもない。地球は人間の発

生以前に多くの生命を育んできた。人間がとくに地球に必要とされるわけでもない。

　人間が他の動物より優れているというわけではない。チーターは陸上動物の中で最も早く走ることができる。速さの観点からはチーターは人間より優れている。イルカは水泳の名手であり、泳ぐという点で人間より優れている。サルは人間より木登りが上手である。イヌの嗅覚は人間の嗅覚より鋭い。いかなる観点により他の動物より人間が優位にあると言えるのであろうか。人間が優れているというのは、非人間の生物の観点からは否定される。

　他の生物が生存する権利をもつならば、人間は他の生物を絶滅させる権利を持たない。

3　おわりに

　宮の森は比較的よく保存されてきた。自然への崇敬の反映であろうか。しかし、緑の山や野原を道路、新幹線、空港、ゴルフ場、住宅用地、ダムなどに転用することに歯止めをかけることができない。緑の破壊は、そこに住む動植物の絶滅を意味する。さらに一種の生物の絶滅が、他の生物の生息に大きく影響する。これは生態系の中での相互依存関係から説明できる。

　唱歌「故郷」は、ウサギ追いしかの山、こぶな釣りしかの川、水は清きと里山の美しい景観を歌うが、人工構造物により多くの里山の風景が無残に破壊されている日本の風景を誰が憂うのであろうか。そこに住む動物、植物達は滅ぼされるのみである。人権の尊重が国際社会の感心事となり、主権国家といえども人権侵害は国際法上許されるものではなくなってきた。国際社会においても人権尊重の拡大が見られる。英国においてマグナカルタ（1215年）により貴族の権利を国王ジョンに認めさせて以来、権利の章典（1689年）、アメリカ独立宣言、フランスの人権宣言を経て、諸国際人権条約の締結に至っている。これらの流れの中に貴族、有産階級、平民の男、女性、黒人（奴隷制度の否定）と原住民、子供へと人権の適用範囲の拡大が見られるのである。

それでは「自然」に権利を拡大できないのであろうか。人権の拡大は、人間の種の中でのできごとであった。人間と非人間の間には大きな壁が存在し、人権を壁を越えて拡大することには革命的な発想の転換を必要とする。人間中心主義から全生物平等主義への価値の転換が必要となる。

動物の権利の主張は運動論、立法論としてきわめて興味深いものである。被害を受ける動物を明確化するので、スッキリした主張となりうる。動物を絶滅から救うためには、動物の権利を確立することが必要である。しかし、実定法としては、動物の原告適格性が認められないのも現実である。本件アマミノクロウサギ訴訟はこのことを如実に示した。

注
1) Kenneth Holland, chapter 7, "Role of the Courts in the making and Administration of Environmental Policy in the United States", p.165, from the book, *Federalism and the Environment*, Greenwood Press, 1996.
2) 米国においては、裁判所が環境政策の形成に大きく関わっている。おそらく世界のどの国よりも裁判所の役割が大きいとホランド（上記）は指摘する。行政権が世界のどの国よりも抑制され、社会政策については、司法審査を免れる行政行為はないといわれる。60年代、70年代に裁判所は原告適格性を広げ、抽象的目標「よい政府」、「自然保護」を求める環境団体、市民にも原告適格を認めるようになった。環境問題に関してだれでも政府に対して訴訟を提起できるようになった。環境保護団体などの利益団体は、裁判所を単なる司法機関と見てはいない。持てる者から持たない者へ富を分配する権力を持つ政治機関と見ている。
3) 朝倉淳也弁護士、1996年6月8日、人間環境問題研究会報告「自然の権利訴訟　オオヒシクイ自然の権利訴訟を題材に」新宿モノリス29。
　「およそ訴訟の当事者となりうるものは、法律上権利義務の主体を言うもでなければならず、このことは、民法、民事訴訟法等の規定に照らして明らかなところというべきであり、したがって人にあらざる自然物を当事者能力を有する者と解することは到底できない。……」
　オオヒシクイ事件(1996年4月23日東京高裁　却下)も同趣旨である。
4) ナッシュ、『自然の権利』、ＴＢＳブリタニカ、1993年、260頁。

5) ナッシュ、同上、261頁。
6) ナッシュ、368頁。
7) ナッシュ、377頁。
8) 日本の場合は、まず公害として問題が認識され人間(公害病患者)の救済に重点が置かれた。自然保護運動は尾瀬湿原と沼、古都の景観保全に成功したものの、全国規模の開発の前に敗北の歴史を刻んできた。
9) Kenneth Holland, ibid., p. 163.
10) J. Callicott, "On the intrinsic value of nonhuman species," p.129 from the book, *Essays in Environmental Philosophy*, SUNY, 1989.
11) ディープエコロジーはすべての生物に等しく本質的価値を認める。ディープエコロジーの観点からは、動物の権利は当然の主張である。
12) リュック・フェリ『エコロジーの新秩序』、法政大学出版局、1994年、213頁。
13) J. Callicott, ibid., P.136.
14) J. Callicott, ibid., P.129.
15) Paul W.Taylor, "The Ethic of Respect for Nature," from the book, *Essays in Environmental Philosophy*, SUNY, 1989.

参考文献

1．オールスピーシーズ・コミュニティ「こちらほ乳るい」編集『自然の証言―野生の声が聞こえる―』、1995年
2．弁護士　朝倉淳也　1996年6月8日、人間環境問題研究会6月例会「自然の権利訴訟オオヒシクイ自然の権利訴訟を題材に」新宿モノリス29
3．ロデリック・ナッシュ『自然の権利　環境倫理の文明史』ＴＢＳブリタニカ、1993年
4．宮沢俊義『憲法Ⅱ』法律学全集4、有斐閣、1959年
5．長谷敏夫『国際環境論』時潮社、1999年

第3部　国際的規模の運動

第8章　熱帯雨林とNGO

1　地球環境問題としての熱帯雨林減少

1　熱帯林の定義

　赤道をはさみ北回帰線と南回帰線の間にある熱帯地方に存在する森林を熱帯林をいう。1993年の世界食料農業機構の資料によれば、その面積は次頁の表1のとおりである（年間減少面積、年間平均減少率は1980～90年のものである）。熱帯林の総面積は17億5000万ヘクタールある。このうち、とくに雨量が多い地域に特有に見られる森林で何層にも茂る常緑樹からなる森林を熱帯雨林と言う。熱帯雨林は、熱帯林の約41％を占め、7億1000万ヘクタールある（1990年現在）。

2　熱帯林の減少傾向

　1980年から1990年に熱帯林は1億5400万ヘクタール減少した。これは日本の国土面積の4倍にあたる。この消失が毎年続けば21世紀中にほとんど熱帯林がなくなると予想される。最近では東南アジアと中南米の減少が特に高いと指摘されている。
(1)　アマゾン地域
　ブラジルのサオホセドキャンポスの空中観測所の1998年1月26日付の発表

表1 世界の熱帯林（1990年現在）

	面積(100万ha)	年間減少面積(10万ha)	年平均減少率
アフリカ	628（30％）	410	0.7％
アジア／太平洋	311（18％）	390	1.2％
中、南アフリカ	918（52％）	740	0.8％
計	1756（100％）	1540	0.8％

によれば、アマゾンの森林面積は5億1000ヘクタール（ブラジル国土の60％）あり、過去3年間（1994、95、96年）に472万ヘクタール喪失した。これをブラジル環境省グスタウ・クラウゼ大臣は、「恐るべき喪失」と表現した。ランドサットによる観測によれば、95年には290万ヘクタールも喪失し、1978～88年の喪失面積が合計211万ヘクタールであったことと比べても、1995年度の喪失の大きさが問題とされる。アマゾンでは5170万ヘクタールが過去50年に喪失したことになるという（ル・モンド紙、1998年2月10日〈火〉）。

最近の傾向としてはアジアの木材会社の進出により、アマゾンからの熱帯材の輸出が増えている。永代（三菱グループ）、WTK、リンブナン・ビジャウ社が進出し、ブラジルの熱帯材の輸出が総輸出の2％から8％に増えたという（同上）。

熱帯林を焼き、その後でそこに肉牛を放牧することが1964～85年に進んだ。この放牧により熱帯林より自然物の採取ができなくなる。先住民や古くから住む農民はこういった熱帯林の牧場化に反対し持続的な森林利用を守る運動を展開していた。1988年12月、この運動の指導者チコ・メンデスが暗殺された。この衝撃的事件は、ヨーロッパ、アメリカで広く報道された。そのためブラジル政府は諸環境NGOから対外的圧力を受け、アマゾンの開発政策を再考するように促されることになった。すなわち米国とヨーロッパの環境保護団体は、手紙、陳情などにより、政治家、金融当局、世界銀行、アメリカ開発銀行、EC、自国政府にブラジルの開発計画に資金を供給しないよう運動した。この圧力はブラジル政府とくに軍部を怒らせた。

(2) サラワク（マレーシア）での伐採

日本は世界最大の熱帯木材輸入国であり、世界熱帯材貿易の30％を占める。

アジア・太平洋地域の熱帯材貿易に限定すれば、その過半を日本が輸入している。1960年ごろ、まずフィリピン・インドネシアから日本への熱帯材の輸出が始まった。この両国での伐採が難しくなると、日本の熱帯材の輸入先は1980年代にはマレーシアに移り、さらに、パプア・ニューギニア、ソロモン諸島、インドシナ半島へと転じた。

　1980年代になりマレーシアのサバ州、サラワク州で大規模な森林伐採が始まった。1974年にフィリピンが森林の枯渇のため原木の輸出を禁止したので、サバ州からの南洋材の切り出しが始まった。しかし、ここも伐り尽くされた(橋本、202頁)。サラワクの森は1日に、479ヘクタールずつ伐られている(同上、264頁)。その半分を日本が買い付けている。国際熱帯木材機関の調査団レポート(1991年5月)はサラワクの森林が11年で枯渇すると指摘し、現行の30％の伐採削減を勧告した(同上)。さらにレポートは急傾斜地での伐採、水源地帯、住民の生活基本条件を破壊しながらの伐採などの問題点を指摘した。1989年、日本の輸入熱帯材のうち90％がサラワク、サバからのものであった。サラワク州の産出分の半分、サバ州産出の70％が日本に輸出されたことになる。サラワク州は、1963年、英国植民地からマレーシア連邦に加入した。面積12.3平方キロ、人口約130万人は海岸や河川沿いに住む。年間雨量は、2000〜4000ミリで4〜9月が乾期である。年平均気温は30℃である。脊梁山脈の上を赤道上が通る。豊穣な森に覆われている。

　サラワク州では日本商社の木材買い付けにより、森林の激しい破壊が進み、森林を住みかとする先住民の人々が生活基盤を奪われ窮地においこまれた。先住民は、森林から動物や果実を、川から飲み水や魚を得て生活してきたのである。森を切り開き、火をつけて焼き、主食の陸稲を作ってきた。森林の伐採により、栄養失調や病気に悩まされるようになった。

　サラワク州ウマバワン(人口350人、50世帯が生活)は1960年代まで貨幣経済の外にいた。ところが伐採会社が来た時から事態は急転した。住民側は伐採の正当な補償を会社に求めた。会社は村長1人を買収し、先住民より伐採合意を得たとして伐採を始めた。村の住民の多数派は伐採に反対し、道路封鎖を

決行した。村民相互の信頼が壊され、村に対立が生まれた。封鎖から7カ月後、道路封鎖をした42名の村民は逮捕された。しかし、起訴されず開放された。サラワク州の憲法は、慣習法による先住民の権利を保障していると指摘されている。慣習法の適用される土地の場合、村長1人が土地の譲渡の合意をしてもその村の慣習法的な土地の権利譲渡とは認められない。したがって村長を買収して文書を交わしても、法律的には意味がないとされたのである(同上、264頁)。

州政府発行の伐採許可証には、伐採道路の工事方法、川からの距離、伐採の方法など丁寧に環境保全の条件が明記されている。しかし、それはまったく守られていないと報告されている(同上、266頁)。森林警察の現場監督にも、賄賂が横行する。伐採量は過小申告となる。伐採禁止の種類の木も伐られてしまうというITTOの視察団の指摘がある。

(3) サラワク先住民の反対運動

伐採反対運動は1970年代のなかごろ、伐採が始まったころにさかのぼる。始めは、反対住民が抗議の手紙により、会社の補償を求めたが無視された。そこでアボ川流域では5000人の先住民が伐採キャンプに押し寄せた。こうしてサラワク州では反対運動と逮捕、そして裁判が頻発している。

クチン市の先住民出身の弁護士バル・ビアンは、1990年11月、横浜のITTO理事会にサラワクの不正義を訴えるため来日した。彼は伐採量の若干の削減を提言したITTOのサラワク現地報告書を批判した。ビアン弁護士によれば、州法により先住民の保護が明文化されており、伐採許可は州の法律の精神に反すると主張した(同上、267頁)。

ウマバワンに住む先住民のリーダーの1人、ジャク・ジャワ・イボンは、日本にきてサラワクの現状を語った。サラワク・キャンペーン委員会、熱帯林行動ネットワークの招きによるものであった。新聞社、テレビが取材し、サラワクの現状を広く日本に報道した(朝日、1990年3月24日、夕刊)。ジョクは、村と世界を行き来し、伐採の反対運動を指導してきた。村では、新しい農業を模索し、世界へはサラワクの破壊を訴えてきた。

サラワクでは商社だけでなく、日本政府の開発援助が道路建設に使用され、官民一体となった伐採体制が問題とされた。

2 熱帯雨林の保護のために運動するＮＧＯ（日本）

1 熱帯林行動ネットワーク（JATAN）

黒田洋一氏は生活クラブ生協で6年働き、そこで農薬合成洗剤の問題に取り組んでいた。1985年マレーシアでの国際消費者機構消費者リーダー会議に出席、そこで熱帯林の破壊を知った。会議では日本に非難が集中したという。帰国後、黒田氏は「熱帯林行動ネットワーク」を結成し、取り組みを始めた。黒田氏はその事務局長となった。

1987年1月に発足した熱帯林行動ネットワーク（以下JATAN＝ Japanese Tropical Forest Action Network）の活動はマレーシアのサラワク州で、プナン族による伐採反対の道路封鎖などの運動に協力することから始まった。日本は当時、この地区からの最大の木材輸入国であった。JATANはサラワク州リンバンでの森林伐採、住民の道路封鎖を調査し、次のことを明らかにした。JICAの伊藤忠商事に対する融資による森林伐採のための道路建設(26.6km)の問題を明らかにした。1987年先住民プナン族は、7カ月にわたりこの道路を封鎖した。プナン族は何千年も住んで来た森という生活基盤を破壊されるのを恐れたからである。当局はプナン族のリーダーを逮捕した。1989年9月プナン族は、ふたたび4000人でこの道路を封鎖した。その3週間後、117人が逮捕された（鷲見、117頁）。JATANはこの道路封鎖の様子を映したフィルムを各地で上映する一方、サラワク州政府、マレーシア首相に伐採停止の請願をおこなった。また伊藤忠、日商岩井の前でデモを展開し、1989年4月には、丸紅に「熱帯林破壊大賞」を贈呈し、世界中から注目を集めた。

JATANはまた日本の熱帯材の輸入削減をめざす運動を展開した。関係官庁、輸入商社と話し合いをもった。さらにデモなどにより抗議した。地方自治体に働き掛けることにより公共工事でのコンパネ使用削減を要請した。ま

た建設会社にも働きかけ、コンパネ使用削減を求めている(コンパネとは熱帯材を薄く切り何枚も張り合わしたベニヤ板で、コンクリート工場で枠として使用される)。

JATANの主な活動は次のとおりである。

> ・国際熱帯林シンポジウムの開催、ITTO理事会に見学参加者を送る。
> ・サラワク・キャンペーン委員会の設立、世界銀行による環境破壊の実態を調査。
> ・定期刊行物『季刊 JATAN NEWS』の発行、書籍発行。
> ・1991年、JATANはチリの原生林を買い入れ製紙原料のユーカリを植えようとした丸紅と対決し、中止させた(報告書:『アジア太平洋地域の熱帯林と環境保護のための国際NGOワークショップ』、141頁)。
> 　JATANはチリの現地に行き、住民にユーカリの植林のもたらす生態系破壊を訴えた。

これらの実績によって、1991年には、事務局長の黒田洋一氏が、ゴールドマン環境賞を受賞している。

JATANの組織と予算は次の通りである。1987年に設立され、事務局には5人の専従と2名の臨時職員がいる。年間予算は2100万円(1993年)であり、会員は約800人、年会費は5000円である。

1990年アンヤ・ライト(オーストラリア人)は、JATANの会員とともに日本を回り、みずからのサラワク滞在の経験を語り熱帯林の保護を訴えた。2カ月間に50回以上の講演を行なった。

1988年10月31日、「プナン国際支援デー」にJATANは東京数寄屋橋でデモを呼び掛けた。参加者は40人であった。1989年に来日したスティング、1990年来日のポール・マッカートニーから「地球を守ろう」「熱帯雨林を破壊するな」のメッセージを受ける応援を得た(松井、37-38頁)。

松井やより氏によれば、1984年秋、スイス人ブルノーがサラワク州プナンの地に入った。ブルノーは先住民の窮状を知り伐採反対闘争を支援した。そのためマレーシアの警察からにらまれ、6年近くジャングルに潜む。ブルノーは1990年春にサラワクを脱出、スイスに戻る。JATANはこのブルノーを日本に招いた。1990年6月来日したブルノーは東京の丸紅本社前でハンストを

する。そこでオーストラリア人歌手アンヤ・ライトと「最後の木」を演じた。日本にきてサラワクのプナン族の苦悩を訴えたのである。またJATANはサラワクから先住民を日本に招き、窮状を直接訴える機会を設けた。

2 サラワク・キャンペーン委員会

　サラワク・キャンペーン委員会(SCC= Sarawak Campaign Committee)は、サラワクの森林破壊と先住民の人権侵害に対する日本の責任を問うため、1990年8月に結成された。サラワクの先住民の権利の保障と環境保護の観点から持続可能な森林経営を求めサラワク材の緊急輸入停止、熱帯材の使用削減を目標とする(『SOS! サラワク熱帯林を守ろう』1993年)。

　自治体キャンペーンでは、熱帯林行動ネットワーク(JATAN)が東京近郊の自治体および建設関係、サラワク・キャンペーン委員会(SCC)が各地方の熱帯林グループの支援、一般広報を受けもつ。

　1998年、SCCはサラワクの先住民裁判支援の資金を集めている。1997年7月アブラヤシ・プランテーション造成に反対する先住民42人が逮捕された。また、12月19日ミリ省バコン地区の先祖伝来の土地に、エンプレサ SDN Bhd (企業)が、アブラヤシ栽培のために造成を始めたことに対し、先住民がバリケードで阻止しようとしたところ、警官隊と衝突した。警察隊が発砲し先住民1人が死亡した。この事件で逮捕された先住民は、警察や会社を相手に訴訟を起こそうとしている。そのための資金をサラワク・キャンペーン委員会は集めている。

　SCCは1997年5月31日、6月1日、熱帯林保全のための全国市民会議を東京で開いた。パプアの会(後述)と共催した。そこでは自治体に対するキャンペーンをめぐる問題が討議された。自治体に対する熱帯材使用削減の訴えを1990年から始めたが、現在のところ190ほどの自治体が熱帯林使用削減対策を打ちだした。

　SCCの1997年の予算は、300万円(会費収入150万円)である。目白のビルの1室に非常勤1人の担当者が置かれている。

3 熱帯林京都

　各地方には、地方単位の熱帯林保護のための運動体が生まれていく。1990年ごろから京都では、熱帯林京都が活動を始めた。会費2000円年間予算10万円という。年4回の機関誌を発刊している。木造建築物の再利用の運動をすすめる。事務所は、JEE(日本環境保護交流会)の事務所を間借りしている。京都市に対し、熱帯材の使用を控えるように働き掛けた。市は、市の建築に関わる工事で、熱帯材の使用をしない方針を1992年にまとめた。問題は熱帯林不使用方針の執行体制にあると言われる。すなわち市の方針を外部的、内部的に監視する機構がないのである。熱帯林京都はサラワク・キャンペーンに参加している。

4 ウータン・森と生活を考える会

　ウータン・森と生活を考える会(大阪)には1997年中、3000円の年会費を払った123人の会員がおり、100万円の予算により活動している。「ウータン森の通信」を発行、定例会を月2回ひらく。講座活動、家具問題、自治体に熱帯材使用を抑制させる活動、森林開発の反対運動、地球温暖化、プランテーション問題に取り組む。アブラヤシのプランテーションがインドネシア、マレーシアに広がる状況を憂慮している。

　1997年11月6日、ウータンは、大阪府、門真市と熱帯材について協議した。関西熱帯林木材削減委員会(1995年10月8日、設立)の会合に月2回参加してきた。

　地球温暖化防止京都会議では、気候フォーラム(京都会議に対応すべく設立された日本のNGOの連合体)に参加、また森林問題と気候変動に関するシンポジウムを開く(12月7日)。1997年12月10日には「気候変動と森林問題に関する声明」を発表した(他16団体と共催)。

　1997年には関西セミナーハウス主催のサラワクの学習旅行(26人参加)に、会員を参加させた。ルマ・レンガンの先住民のロングハウスで5日間暮らす

という旅行であった。　ウータンはこれまで国内の熱帯材削減のための活動が主であったとしている(ウータン、46号)。1998年度は海外活動も強化する。またウータンの財政を改善するために、あらたな賛助会員や寄付を募り、会員を確保し、また商品を開発、販売を拡大、ウータンの宣伝を強めるとしている。

　サラワクキャンペーン(SCC)に連動して、ウータンは、サラワクで1997年12月17日逮捕されたイバン族の公正な扱いについて、サラワク州知事、マレーシア警察、東京にあるマレーシア大使館に手紙、ファックスを送る運動を展開している。下記のような文書をサラワク州知事やマレーシア警察に送付する運動をしている。

閣　下

地球市民の一人としてお手紙を差し上げます。

私は Enyang ak Gendung さんが97年の12月19日に警官隊の銃撃による傷がもとで死去したとの知らせに悲しみを感じ、強く残念に思います。そしてまた、Indit ak Uma さん、Siba ak Sentu さんもともに銃撃により傷を負いその際他の人々にも虐待が行われたという報告を聞きました。どうかこれらの件に関して速やかに公正な調査を行われるよう、そしてその結果を公表し、関与していた者を裁判にかけられますよう、謹んでお願い申しあげます。

どうか、先住民民族の土地や森林に対する権利侵害に関する十分な調査と対策を早急にとるようにしてください。自分たちの土地が開発されることによる平穏な抗議行動に参加している Iban peoples イバン族の人々が、恣意的に逮捕されたり虐待される恐れなしに抗議行動を行うことができるよう、そのことを保障されますようお願い致します。

敬　具

5 熱帯林保護法律家リーグ

熱帯林保護法律家リーグは、1991年4月弁護士を中心に作られた。サラワク州、フィリピンのルソン島、パプアニューギニア、タイで現地調査を行い、1991年3月シンポジウム「熱帯林破壊と先住民の人権」を開催、世銀主催「世銀の森林新政策につてのNGOの意見を聞く会」に参加、ITTO理事会に働きかける。リオの環境サミットに対する政府報告書に意見書を提出、市民レポートの作成、アジアNGOフォーラムの開催に関わった。

製紙会社、日本輸出入銀行、海外経済協力基金への要請、サラワク法、パプアニューギニア法の研究、熱帯林保全条例の研究などを行ってきた。

熱帯林保護法律家リーグはJICA、海外経済協力基金に熱帯林を破壊するような融資をしないように申し入れている。

6 パプアニューギニアとソロモン諸島の森を守る会

この会は1993年夏に結成された。200人の会員を擁する。パプアニューギニアやソロモン諸島の熱帯林の貴重な存在を訴える。運動方法はまず学習会、集会、資料集、絵葉書の作成などである。第2に伐採企業や熱帯材を扱う商社、合板メーカーと継続的に交渉を行っている。1995年の日本のパプアからの丸太材輸入は、パプアの全輸出材の60％を占めている(1992年9月マレーシアのサバ州が丸太の輸出禁止、サラワク州が輸出規制を始めたため、日本の商社はパプアニューギニアへ購入先を転じたのである)。さらに会員自ら国産材の使用に努める。第3にパプアニューギニアやソロモン諸島への旅行を組織し、現地のNGOとの交流を進めている。

会の創始者、辻垣正彦(56歳)氏は建築家で、5年前から国産材100％の住宅造りに取り組んできた(毎日新聞、1997年11月18日)。日本国内の山林と熱帯の森を守るためと信じての行動である。1993年の春にパプアニューギニア、ソロモン諸島の荒廃した森を見てから、上記の運動団体を組織したのである。辻垣氏の建築事務所が守る会の連絡場所となっている。

会員の一人清水靖子氏(ベリス・メルセス宣教修道女会)は、『日本が消したパプアニューギニアの森』(1994年)を著わしパプアニューギニアの森林破壊を告発している。現地の弁護士バーネットの活躍を伝え、日本にも招いた。バーネット氏は、木材輸出にかかわるパプアニューギニア政府高官、政治家、企業の汚職構造をも問題にした(清水、170頁)。

　97年後半からパプアニューギニアは旱魃と霜害のため70万人(総人口の6分の1)が飢餓に直面している。各地で川と泉が干上がる。住民は汚れた水を飲むため皮膚病、赤痢、ペストにかかる。特に日本の製紙会社(王子製紙)の皆伐したゴゴール渓谷では、極端な水不足に陥り、タロイモが壊滅した。守る会では現地のカリタス・パプア(パプアニューギニア・カトリック正義と平和と発展協議会)を通じての資金援助を始めた。パプアニューギニアとソロモン諸島の森を守る会は他の4団体と共同して日本で募金を集める運動をしている。毎日新聞に働きかけ募金を記事にしてもらい、広報に努めている(1998年2月25日毎日新聞大阪家庭版)。こうして1997年12月から1998年2月の間に、900万円を集めた。この募金運動に協賛する漫画家水木しげるも、1998年2月26日午前0時10分〜1時、NHK(大阪)テレビで「わが心の旅パプアニューギニア」に出演し、現状を訴えた。

　パプアニューギニアNGO連合は、1993年5月20日のザ・タイムス・オヴ・パプアニューギニア紙に全面広告を出し伐採を非難した。森林伐採によっては雇用と経済発展はもたらされず、森林労働者は食べるのが精一杯の最低賃金しか支払われない。伐採業は森を消滅させる仕事であり、将来の仕事を奪うものであると指摘されている(清水、111-112頁)。同NGO連合は、調査やデモを組織し、政府、企業へ訴える運動をしてきた。参加団体は法律家、環境団体、人権団体、キリスト教団体等50を数える(同上、112頁)。

3 海外のNGO

1 SIPA(サラワク先住民連合)

　1990年10月、3人のサラワク先住民代表者はオーストラリア、米国、ヨーロッパ、日本を回り、国会議員、閣僚、政府機関、マスコミなどを訪問、問題の解決を訴えた。この訴えに対しゴア上院議員(当時)は、1990年10月19日、上院に決議案を提出した。サラワク先住民連合は先住民により組織されたNGOであり、資金は国際的寄付金に依存していた。上記3人の1人がムータン・ウルドであり、サラワク住民連合を指導してきた。この連合は伐採により脅かされる民族の窮状を訴え平和的封鎖行動を支援してきた。食料供給、運搬、弁護士派遣、伐採反対運動を支援したのである。プナン族やダヤクの慣習的土地保有権を承認するよう政府に働きかけた(橋本雅子、247頁)。

　しかし、1992年2月警察が介入し、SIPAの事務所を閉鎖、書類の押収、代表者ムータン・ウルドを逮捕した。釈放されたムータンはカナダに亡命した。

2 ブルーノ・マンサーの訴え

　ブルーノ・マンサーは、1954年スイスのバーゼル生まれで、アルプスの山中で牧畜に携わったこともある。ブルーノは1984年、自然と共にある生活を求め、ボルネオの狩猟民族プナン族のもとに住み始めた。しかし、プナン族の住む森に伐採業者が入り破壊が始まると、プナン人の生き方と森を守るためにサラワクから出て森林破壊を国際世論に訴える道を選ばざるを得なくなった。1990年にマンサーはサラワクを出てから何百回と講演会、各国政府、国際機関、木材関連企業などに対し、要請、デモ、ハンストなどの行動を取りつづけてきた。ブルーノ・マンサー財団(バーゼル)を作りサラワクの森を始めとする原生林の保護、原生林からの熱帯材の使用禁止を目標に活動している。また、1992年には『熱帯雨林からの声——森に生きる民族の証言』を出

版した。各国語に訳されている。日本にも来て、各地で講演会を開催し、丸紅本社ビル前でハンストを行った。

3 プロ・レーゲンバルド（Pro Regenwald, ドイツ）

ミュンヘンに本部を置くプロ・レーゲンバルドは、1988年ジャパンキャンペーンを展開した。日本が最大の熱帯材の輸入国であり、丸紅、三菱などの商社に対する抗議をこの年に重点的に行うものであった。これには、30以上の環境団体が参加した（ズッドドイチェツァイトング紙、1990年9月15・16日）。抗議の手紙作戦と商品ボイコットをその手段とした。第1は、ウィーン、ベルン、ボンの日本大使館に抗議の手紙を書き、日本政府に熱帯林の破壊を止めるよう要求するものであった。特に悪名高い日本の企業名を挙げることとした。第2に、丸紅本社、丸紅の系列関係にある日産の代理店、キャノンの営業所に抗議の手紙を送付し、熱帯林破壊から手を引くことを求めた。三菱の小売り店、代理店に抗議の手紙を出し、ドイツの消費者が三菱グループの熱帯林破壊を知っていて、そのために三菱の自動車を買わないことを通告するというものであった。日本キャンペーンは、日本の企業に熱帯林破壊を止めること、日本政府に開発援助（ODA）が熱帯林の住民の生活基盤破壊につながらないよう求め、日本の熱帯材の消費を減らすことを求めるものであった。プロ・レーゲンバルドなど13の団体は、コール首相に、G7のロンドンサミットでサラワクの熱帯林破壊を取り上げるよう求めた。プナン族による道路封鎖などの反対運動が緊迫した状況になってきたからである。ボンの首相府、ミュンヘンの日本領事館、ジュセルドルフの市役所前にデモ隊が出てサラワクの人々への支援を表明した。

1990年世界熱帯林週間（10月21日〜28日）の機会をもうけ、40カ国の団体がこれに参加した。

1991年の夏、全世界から集まった8人の運動家がサラワクでの熱帯材の積み出しを妨害した。ドイツからは、ロビンフッドの会員がこれに参加した。

4 シェラクラブ

　アメリカ最古の環境保護団体であるシェラクラブは1つの事業として熱帯林キャンペーンを展開している（シェラクラブ『熱帯雨林』p. 14-15）。世界銀行や地域銀行の融資による森林破壊についての情報を広め、融資が森林の破壊を招かないように運動している。熱帯林と先住民を守るため世界銀行等作成の「熱帯林行動計画」*の内容の改善をめざしている。各国の議会に働きかけ、輸入熱帯材の産地と樹種の明記を義務づける法律を作らせる。熱帯林の保全のために運動している開発途上国の環境組織や先住民の組織を支援する。世界的家族計画を支援し、熱帯林にかかる圧力を減らす。開発途上国が熱帯林にある保護地区を維持するのを支援し国立公園や保護地区を増やすのを援助する。自然保護のために開発途上国の負債を購入し（スワップ）、自然保護にそのお金を回す。地球森林条約の締結のために運動する。国際的金融機関や国内銀行に伝統的農業の研究を推進するよう進める。熱帯林を保有する政府に、非熱帯林の土地をもっと使用できるようにさせ、先住民が熱帯林から追放されないよう、また熱帯林に外部から入植させないように運動している。

　シェラクラブは会員に次のような消費者に生まれ変わることを呼び掛けている。

① 熱帯材のローズウッド、マホガニィ、チーク、エボニィを購入しないこと。これらを仮に購入するとしても、原産国のラベルのあるものを使うようにする。家具、建具などは、柳、松、樫、杉、竹などのものを使う。
② 天然ゴムやブラジルナッツを買い、熱帯林の持続的利用を助けること。
③ 非合法に採取された動植物を買わないようにすること。非合法な動植物取引が熱帯の動植物の絶滅につながるからである。
④ エコツーリズムに参加すること。熱帯地方の公園や保護区へ旅行し、

---

*　「熱帯林行動計画」は1985年にFAO、UNDP、世界銀行、世界資源研究所（WRI）により作成された。森林管理法の改善、熱帯林保護のための基金計画を含む。しかし、この計画に対しては不十分だとする厳しい批判がある。

旅行支出が先住民や環境保護団体を潤すようにするのが目的である。シェラクラブの旅行部が外国へのエコツーリズムを企画しているので、会員は参加を申し込むことができる。
⑤　シェラクラブに入り外国の保護団体に連絡を取り支援すること。
⑥　環境保護に熱心な行政官を支持すること。また、政治家、実業家、政策決定者に手紙を書き、熱帯林保護を訴える。

　シェラクラブはこのように熱帯林保護のための総合的対策をたて、それに従って運動を進めている。クラブの作る熱帯林保護の本を見れば、会員は何をすべきかがたちどころにわかるようになっている。
　熱帯林の伐採問題に対してはFAOが最初これを取り上げた(WWF, IUCN, 『生命のための森林』"Forest for Life" p.25-26)。ITTOが1986年に熱帯材条約に基づき設立されると、諸NGOはITTOに圧力をかけ、2000年までに熱帯材は、持続的に生産された森林からのみ出荷されるべきことをITTOに決議させた。さらに持続的森林管理のガイドラインと基準の採用も決議させた。しかし、これらの決議の目標は達成されなかった。リオでの国連環境開発会議では森林原則宣言、アジェンダ21の中に、森林破壊の問題を採択させた。新たに設置された国連の「持続的開発委員会」が、1995年森林に関する政府間パネルを設置した。この政府間パネルは2年の任期を有した。この動きに対応してNGOは、1995年「森林と持続的開発に関する世界委員会」を作り、研究と政策レベルでの働き掛けを始めた(同上、p. 27)。

5　国際熱帯林基金(Rainforest Foundation International)

　ニューヨークに本部を置く国際熱帯林基金は熱帯林に住む先住民を援助することを目的に活動している。最初は、アマゾンの先住民パナラ族の支援であった。1975年に250マイル離れた土地に移動させられたパナラ族は、祖先の土地に帰ることを望み、本財団に支援を要請した。この基金は3年間ブラジル政府に働きかけて、ついに1997年3月それを実現させた。そのおりパナ

ラ族の11億エーカーの土地所有権をブラジル政府に承認させた。また、基金はアマゾンのクシング先住民公園(1961年設立)1万2000平方マイルの保護のため教育、監視活動を続けている。

タイ、パプアニューギニア、マダガスカルで地元環境保護団体と協力して活動。

1996年にはニューヨークとロンドン事務所に広報担当職員を配置し、キャンペーン活動を開始した。

このように国際熱帯林基金はキャンペーンと世界各地での事業活動を行っている。

この財団への寄付金は税金の控除となる旨を強調し資金を集めている。

6 地球の友(Friends of the Earth)

地球の友国際事務局(アムステルダム)は、56カ国の組織の連合体である。各地の組織は独立して運動をすすめている。きわめて分権的構造になっている。地球の友国際事務局は、国際熱帯林プロジェクトを推進している。このプロジェクトを進めるためにアメリカの熱帯林ネットワーク、オーストラリアの熱帯林情報センターと密接な連携を取っている。地球の友の熱帯林キャンペーンは非合法の伐採と熱帯材貿易に反対している。

7 世界自然保護基金(WWF)と国際自然保護連合(IUCN)

WWFの最初の取り組みは、1962年のマダガスカルの森林保護区の境界を設けるものであった。さらに森林保護区を増やすとともに、それ以外の森林で「持続可能な利用」を推進してきた。熱帯林で先住民は数千年にわたり森林を維持してきた。WWFは先住民の経験から学び、また先住民の土地の権利を支援してきた。森林に対する圧力が債務や交易条件など経済的問題から生じることから、WWFは、世界銀行、OECD、GATT、ITTOに働きかけて解決をめざしている。WWFは毎年、約500万ドルを熱帯林の保全に費やしている。先進国、開発途上国とも熱帯林の重要性の認識が不十分であり、教育プ

ログラムを作り意識を高める活動をしている。

　WWFは命の森キャンペーンを行っている。森林の保護地区を2000年までに10％以上にする。法律的に保護されている森林は現在６％である。第二に適切な森林管理を推進する。独立した第三者機関が、森林管理を基準に照らし審査していく制度を確立せよというものである。WWFは、世界銀行と協力して効果を挙げることをめざすという(WWF、生命の森キャンペーン)。

　IUCNはWWFと同じ住所(スイスのグラン)に本部を置き、森林破壊に対して共通の認識を有する。WWFが森林を３つの優先課題の１つに指定し、活動をすすめているのに対し、IUCNは政策提言や事業の在り方に総合的に関わっている。IUCNはWWFとともに森林破壊についての出版を行っている。また、森林関係の国際会議に代表を送り普遍的立場から意見を述べてきたという。

8　グリーンピース(Greenpeace.Org)

　グリーンピースはITTOの会議に代表を送り、ロビー活動を続ける一方、下記のような実際の行動を行っている。

　1994年マタ雨林(大西洋)の非合法伐採(ブラジル)を中止させた。外部業者による乱伐の続くソロモン諸島で、地元の人々のエコ森林の管理を支持している。さらにロシアのカミ原生林を世界遺産として登録させた。ニューヨーク・タイムズ紙、スコットペーパー、キンバレイ・クラークに、カナダの原生林を破壊しているマクミランブローデルから紙を購入しないように約束させた。ドイツの８つの主要な出版社に100万ドル相当の紙をすべて、皆伐された森林のパルプでないものに切り替えることを約束をさせた。ブリティシュコロンビア州のクレイヨクト海岸の破壊的伐採を中止させる。グリーンピースは森林管理委員会(Forest Stewardship Council)を支援し、森林の持続的活用をすすめている。森林管理委員会は、消費者、材木業者、環境保護運動家などの連合体である。グリーンピースは、消費者の力を結集して皆伐による破壊をやめさせることができると宣伝している。

9 世界熱帯雨林行動ネットワーク(RAINFOREST ACTION NETWORK)

1986年ペナンで開かれた第3回世界森林資源危機会議では、地球の友マレーシアを本部とする「世界熱帯雨林行動ネットワーク」が設立された(松井、26頁)。このことは地域的NGOが世界的な連絡組織を設けたと言える。この会議は世界各国のNGO(地球の友を含む)主催により開かれた。地元マレーシア地球の友(SAM)、インドネシア、フィリピン、タイ、バングラデシュ、インド、ブラジル、米国、カナダ、ドイツ、ベルギー、スウェーデン、デンマーク、オーストラリア、ニュージーランドなどが参加。この会議で日本の熱帯林破壊に非難が集中し、日本からの参加者に強い自覚を促したことが、JATAN設立に深く関連している。

10 国際環境開発研究所(International Institute for Environment and Development)

主要な国際 NGOはITTOの設立段階からかかわってきた。ロンドンの国際環境開発研究所も、ITTOの設立に関わった後、ITTOの監視を続けてきた。グリーンピースやWWFとともに2年ごとの本会議、特別委員会に代表を送ってきた。広報や独自の報告書により、圧力を加盟国政府にかけてきた。本研究所は1990年のITTOの行動計画作成にあたり、ITTOの目的たる持続的利用と生態的均衡を加盟国政府にも適用させるべく動いた。1993年の条約改正時には、温帯林にも熱帯林と同じ仕組みを適用させるべく、南の国と共闘した(Thomas, Finger p.5)。これらの国際的規模のNGOは個々の特定された熱帯林を守るのでなく、全般的な状況を変えさせることによる方法をとる。

ここに紹介した団体は、資料入手が容易であったためにその活動の紹介が可能であった。他にも多くの団体が熱帯林の保護のために活動を続けている。米国の Rainforest Action Network、オーストラリアの Rainforest Information Centre、マレーシアのSAM(地球の友)などがその例である。

4 おわりに

　熱帯材に対する先進工業国の強い需要があり、商社による買い付けにより熱帯林が持続可能でない方法で伐られ消滅する状態が続いている。フィリピン、インドネシア、サラワク、パプアニューギニアなどではほとんど元の植生の再生が望めないような伐り方が横行してきた。これではすべての森林が消え、輸出すら難しくなる。

　温帯の森については、研究の積み上げや植林の経験があり造林が行なわれてきている。しかし熱帯林については、未知の状態であり再生の経験はない。それにもかかわらず熱帯林の伐採が続けられ、その消滅が予測されている。

　熱帯の原生林を伐採した後、ユーカリや油ヤシなどを植える事業が行われている所もある。成長の早いユーカリを植え、環境の回復に寄与していると宣伝する企業もある。しかし、生物の多様性を奪うこういった単一種の植林は、森林本来のもっている多様な機能を否定するもので、先住民の生活基盤を奪い、また保水機能や水質の浄化機能に欠け、災害に弱い土地を作るようである。サラワクでは、油ヤシを植えるために先住民が居住地から強制的に追い出されるという人権侵害の事態も生じている。パプアニューギニアの飢餓は無秩序な熱帯林の伐採と無関係ではない。台風が来るたびに甚大な被害をだすフィリピンにはすでにほとんど原生林はなく、油ヤシの植林地ばかりである。

　熱帯林の伐採により先住民の生活が破壊され、人権の侵害がつづいている。先住民の生存をかけた反対運動がまず現地にあり、それを先進工業国の運動体が支援するという形になっている。先住民の人権を守ることが出発点となっている点に特色がある。運動の手段としては先進工業国内の熱帯材の需要を減らし、商社に輸入の削減を迫るという方式が取られている。パプアの会のように建築家による国産材による家造りを進める運動がある。さらには政府、ITTO（熱帯木材貿易機関）に働きかけをする運動も続けられている。伐採し

輸入する業者の問題、現地の政府の問題、消費量を増し続ける日本の消費者、国際収支改善のために熱帯材の輸出を促す世界銀行や地域開発銀行、先進工業国のODAなど、熱帯林が伐られ続ける要因は無数にある。

　特定の人々の欲望を充たすために、他の特定の人々の生活基盤、健康、生命が侵されている状況がある。一方には大きな利益を得る少数の現地の人(政府高官、商人など)、貿易を手懸ける商社、製紙会社、そこから紙を大量に購入し使用する先進工業国の消費者がいる。他方には森林を破壊され生活の場を失い、生命、健康の危機に陥った先住民がいる。この状態は正義に反するのではなかろうか。NGOの活動は、この不正義を少しでも正そうとするものであり、おおいなる救いである。

参考文献

1　松井やより、『市民と援助』岩波新書、1990年
2　清水靖子、『日本が消したパプアニューギニアの森』明石書店、1994年
3　熱帯林行動ネットワーク、『報告書：アジア太平洋地域の森林と環境保護のための国際ＮＧＯワークショプ』1995年
4　『SOS! サラワク熱帯林を守ろう』1993年
5　Le monde/ mardi 10 février 1998
6　Ricardo Azambuja Ant "The Inside out,the Outside in:Pros and Cons of Foreign Influence on Brazilian Environmentalism," Green Globe Yearbook 1992,p.15 〜
7　橋本克彦、『森にきけ』海外編、講談社、1992年
8　イブ・ホリン、『サラワクの森』法政大学出版、1989年
9　鷲見一夫、『ＯＤＡ援助の現実』岩波新書、1989年
10　Thomas Princen, Matthias Finger, "Environmental NGOs in World Politics" Routldge, 1994
11　ブルーノ・マンサー、『熱帯雨林からの声』橋本雅子訳(Stimmen aus dem Regenwald) 野草社、1997年

第9章　地球環境とNGO

　環境保護運動は今や世界的現象である。1960年代、1970年代を通じて環境保護運動が先進工業国、とりわけ北アメリカ、西ヨーロッパに広がった。運動はまた東ヨーロッパ、日本、オーストラリア、開発途上国にも生まれていた。環境問題に市民の認識は高まり、いくつかの行動となって表現され、政府への圧力となって表れた。また、多くの団体は国境を越えて連帯し、また国際的に組織化を進めるものも出てきた。これらの団体は環境悪化を憂う民間の有志の自主的な集まりであり、本書ではNGOと定義したい。

　このNGOの環境保護運動を国際的視野から考察することが本章の目的である。NGOは環境問題に対していかなる手段をもって解決のためにどれだけの貢献をしてきたのだろうか。最初に世界的規模で活動しているグリーンピース、WWF（世界自然保護基金）、地球の友を例に取りその活動の内容を紹介したい。第二に、環境に関する国際的会議にNGOがいかに関わるのかを検討する。第三に国際環境政治におけるNGOの評価を試みたい。

1 国際的環境ＮＧＯの活動

1 グリーンピース

　グリーンピースは、わかりやすい主張をすること、向こうみずに見える行動により環境の問題を世論に効果的に売り込む団体としてのイメージを形成

した。すなわち、込み入った問題は避け、他の勢力がすでに取り組んでいる問題に介入し、それを大きな運動にする点に特色があると指摘されている[1]。

　グリーンピースはアメリカのアムチカ島（アリューシャン列島）の核実験反対運動にその起源を求めることができる。ヴァンクーバーでは、核実験により津波が来るというので反対者が集まり、抗議の方法を検討した結果、核実験海域に抗議の船を送ることとした。こうしてフィリス・コマック号はアメリカの核実験海域に向ったが、悪天候のためアムチカ島に到着できなかった。しかし、ヴァンクーバーにこの船が帰港すると、数千人の人から歓迎を受けた。それは人々の強い反核感情を世界に示すものと解釈された。さらに、第３回目の同島での実験に対し、第２の抗議船エッジウォーター・フォーテュン号を送ることにしたところ、寄付金や乗船希望者が殺到し、報道陣も乗せての出港となった。しかしこの抗議の船が島より700海里のところで核爆発が行なわれた。この実験の２、３日後、アメリカは以後の実験を中止すると発表した。1972年のことである。核実験は環境問題のほんの氷山の一角にすぎず、この抗議団体は引き続き運動を継続すべく、グリーンピース基金という組織を作ることにした。こうしてヴァンクーバーに最初の事務所が設けられた[2]。それ以降グリーンピースは、フランスの南太平洋での核実験反対、反捕鯨、有害物質排出との戦いに取り組んだ。10年ほどヴァンクーバーを中心に活動したのち、本部をアムステルダムに置き、国際本部とした。クジラと捕鯨船の間にグリーンピースと書かれた高速ゴムボートを進入させたり、発電所の煙突に登り、「止めろ」の垂れ幕をかけたりの手段で巧みにマスコミを引き付け、環境問題を世界に訴えた。グリーンピースはこのような直接行動と非暴力の戦術を取ったのである。

　1994年には、ロシア、東ヨーロッパ、開発途上国を含む30カ国以上に事務所を置き、1000人以上の職員を雇い、１億ドルの年間収入、600万の会員を有するに至った[3]。グリーンピースは４つの問題、すなわち毒性物質、エネルギーと大気、原子力問題、海洋と陸の生態系の領域で運動をしている。

　1985年、フランスの諜報組織は、ニュージーランドの港に停泊中の、フラ

ンスの核実験に反対するためのグリーンピース所有の船を爆破した。船内にいた写真家が死亡した。これはグリーンピースの活動に対する、国家テロ行為であり、ニュージーランドとフランスの外交問題に発展した。フランスのエルニュー国防大臣がこの責任を取り辞任、フランスが損害賠償すること、工作員の処罰など事後処理がなされた。

　1993年10月、グリーンピースは、日本海で放射性廃棄物を海上投棄するロシア海軍の船を映像で捕らえ、マスコミに流した[14]。グリーンピースのゴムボートがロシアの船に接近、放射性廃棄物の投棄の様子を明白にテレビの画面で捕らえたのである。日本政府はあわててロシアに中止を求めた。ロシアも善処を約束した。

　プルトニウムのフランスから日本の海上輸送船を追尾し、世界にその位置を知らせ続けたのもグリーンピースであった。ほとんどの国が自国領海の近くを日本のプルトニウム輸送船が通過することさえ拒否する中、グリーンピースは現場での目撃を通じて全世界にその危険性を映像で伝えたのである。

　1995年、フランス(シラク政権)が全面核実験禁止条約の署名前に南太平洋で核実験を再開した時、グリーンピースは抗議の船を実験海域に派遣した。フランス海軍の艦艇によりグリーンピースの船は乗員もろとも拿捕されたものの、全世界に核実験の現場を見せ、核問題を強く印象づけたのである。

　このようにグリーンピースは生態的危機に対する認識をメディアを通じて世界に広め、多数の人々に地球にやさしい生活をするように直接呼びかけるのである。特定の国家が大使を通じて核実験に抗議するより、はるかに大きな反対の意志をフランスや世界に伝えたのではなかろうか。このころ世界的に広がったフランス産ワインやチーズの不買運動も(これはグリーンピースが呼び掛けたものではなかったが)、こうしたメディアを通じての強い反核運動の呼び掛けに対する反応であろう。

2 WWF（世界自然保護基金）

　WWFは、マックス・ニコルソンやユネスコの事務総長を努めていたジュリアン・ハクスレイ卿、実業家、王室関係者を発起人として、1961年スイスのグラントに誕生した。王室関者を入れたのは、資金集めを容易にするためであった。ニコルソンは長年英国政府の自然保護局長を努めた人物である。1960年にハクスレイ卿が『オブザーバー』誌に野生動物の絶滅の危機を訴えたことからWWFは始まると指摘されている[4]。このころアフリカの植民地が独立し、東アフリカの動物のことが心配になったからと説明されている。

　WWFの目的は資金を得ることがまず第1であった。WWFはアフリカの指導者になりそうな人物を集め、野生動物の保護を主張した。また、アフリカ諸国の支持を得るため、自然保護の経済的利益を強調したり、国立公園での観光開発は自然保護を支えると主張したと言う。またWWFは生物の多様性保護が商業的利益にも繋がるとも主張した[5]。

　WWFは、27カ国に支部を置き、600万人の会員と2億ドルの年間収入を得ている[6]。WWFは個々の種の保存を目指したが成功しなかったことから、その絶滅の危機に瀕している動物の生活空間をも守ることが必要と判断するようになった。すなわち野生生物の保護区を設けることを選んだのである。そのためWWFが各政府に働きかけて公園を設ける方法が取られ、手法や専門家などを供給するため各政府に資金援助を行うようになった。それでも絶滅種を救えないことが明らかになった。保護地区内に生活する貧しい人々は生きるためにそこで必要なものを採取せざるをえないのである。つまり住民の生活の必要性をも考慮しなければ野生生物の保護は不可能であることをWWFは認識するに至ったのである。開発途上国全体では1兆ドルの対外債務を負っている。この負債のため開発途上国は環境を犠牲にしてまで返済に努めなければならなくなっている。ましてや、負債を抱えた開発途上国政府が野生生物の保護のための予算など組むことは不可能である。そこでWWFは、自然保護のために負債を肩代わりする方式を取り入れた。まずWWFが

地域で環境保護活動をしている団体を見つけ、その団体が資金を得れば保護活動をより活性化できるかどうかを確認する。次に、WWFが開発途上国の負債を買い上げるのである。債券を持つ銀行は、途上国の返済能力を疑問視し、不良債券として早く処理したいため、割引でそれらの債券を売却する。WWFはこれらの債務を安く買い入れ、第三の段階として、その負債を当該国の通貨に交換する。そして、WWFはその資金を当該国の自然保護のために使用するというわけである。WWFは途上国の環境保護団体に資金を供給し、途上国の自然保護運動を助けることが可能になると説明されるのである[7]。WWFは、エクアドル、コスタリカ、フィリピン、マダガスカル、ザンビア、ボリビア、ポーランドでこのような負債と環境保護の交換をしている。

WWFは開発途上国の村に活動の場を設定し、地元対策を立てている。地域主義の路線といえる。

3 地球の友

地球の友は、1969年、シェラクラブ事務局長を辞任したディヴィド・ブラウアーによりアメリカに創設された。ブラウアーはおもに原子力問題を巡りシェラクラブの多数派と対立したため17年務めたこのクラブを辞任した。ブラウアーはシェラクラブと対照的な、出版物発行を中心とする、官僚主義に陥ることのない、個人の行動を認める多元的主義的、分権的、国際的、反権力的、反原子力の立場を取るNGOを設立した[8]。これが地球の友の母体となった。

やがてブラウアーはこの組織を離れたが、地球の友は成長し50を越える国に支部や事務所を有するに至った。特に、東ヨーロッパや開発途上国に多くの支部を持つ点が特色である。各支部ごとに雑誌を発行し、活動についても地域の問題に応じて支部が独自に判断する。国際部はロンドンに置かれ、年2回会誌を通じて、世界的活動を報告する。組織は分権的であり、連邦制のように大きな権限を各支部に与えている。世界各地の支部は、名前と方向性

のみを共有していると言ってよい。各支部の判断により、地球の友しかできない活動を行う。フランス支部はロワール川のダム建設反対運動を、ポルトガル支部は、日本製自動車のポルトガル海岸線での投棄計画に反対し、デンマークではコペンハーゲンでの新交通システム導入を促進した。また、地球の友は他の環境NGOと協力して運動する点に特色を有する。地球の友はナイロビに環境連絡センターを、アメリカでは他のNGOとグールプ・オブ・テンを組織し、NGO同士の連絡組織を設けた[9]。

地球の友は、国家の行動により環境問題が効果的に解決されると考えている。したがって国家に働きかけることが多い。いわゆる、ロビー活動である。しかし、ロビー活動も限界があるので、他の方法により政府に圧力をかける[10]。

2 国際的環境会議とNGO

1972年にストックホルムで国連主催の人間環境会議が開かれた時、NGOがもう1つの環境会議を開催した。これは本会議に圧力をかけるためにNGOが主催したものである。そしてこの会議以降、NGOの国際会議への参加が定式化された[11]。ストックホルムに来たNGOは134であった[12]。20年後のリオ会議では、1400以上のNGOが92グローバル・フォーラムに参加した。環境NGOの変遷をうかがわせる。しかも、リオ会議の場合は、準備段階からNGOが関与し、条約の交渉段階から会議の終わりまでロビー活動を行った。

ワシントン条約(絶滅の危機に瀕する動植物の取引に関する条約)締約国会議では、一般の本会議傍聴、関係NGOの発言が認められていて、WWF、グリーンピース等のNGOが会議を指導する場面がよく見られる。絶滅の危機に瀕する動植物の取引に関する条約の事務局は、WWFの取引監視委員会ネットワークから、条約に違反する取引の情報をほとんど全部供給してもらっている[13]。

環境NGOが国際的協力の必要性を痛感し、連絡組織を設け始めたのは1989

年以降のことである。1987年のオゾン層保護のためのモントリオール国際会議を傍聴していたアメリカのNGOが始めたとされる[14]。1989年3月、ロンドンで開かれたオゾン層保護のための会議には、93名(27ヵ国)のNGO代表が参加した[15]。NGOの相互に連絡を取り合っての参加は、これ以降定例化したのである。1991年1月に始まった地球温暖化防止条約の交渉では、約40の環境NGOが気候行動ネットワークを結成し、二酸化炭素削減目標値を条約の本条に挿入するように働きかけた。産業界の団体からなるNGOは逆の運動を展開した。

1988年、ベルリンで世界銀行の総会が開かれたが、何万人の人々が街頭でデモをした。新聞は、世銀の融資が第三世界に役立っていないと書き、世界銀行の職員やベルリンに集まった銀行員の考えを変えたと言う[16]。1989年3月、世界銀行はアマゾンの水源開発のための融資を取り消した。また、環境部門の人員を増員することにした。1989年の世界銀行の総会(ワシントン)では、50ヵ国よりNGOが集まり、国際NGO集会を開き、インドへのダム融資を中止すべきことを決議した。また、NGOは同年10月にはアメリカ議会に働きかけて、世界銀行の融資についての公聴会を開かせた。アメリカが最大の出資者である世界銀行はアメリカの意向を常に反映した運営をしなければならない点をNGOが利用し、アメリカ政府を通じて世界銀行に影響を及ぼそうとする試みであった。

1975年、沖縄の石垣島に新空港を建設することを県が決定、1982年には運輸省が県に建設許可を与えた。予定地は、サンゴの豊富な海面であり、近くには世界最大級の青サンゴが生存することが分かっていた。地元、那覇、関西、東京で反対運動が盛り上がった。反対派は政府に署名を提出、また1988年には、コスタリカで開かれていたIUCN(国際自然保護連合)の総会にこの問題を持ち込み、総会の反対決議を得た。1990年IUCNは調査団を送り込み、予定地の生態学的調査を行なった。さらに、WWFの名誉総裁エディンバラ公が現地を訪問、日本の総理大臣に手紙を書いた。このように石垣島新空港反対運動では国際的NGOの圧力を利用して運動を進める戦術が取られた。

白保沖の空港建設は中止された。これは、国際的NGOの影響力がその効果を発揮したためかも知れない。

環境と開発に関する世界委員会(ブルントランド委員会)の報告書「われら共通の未来」は、リオ会議の方向づけをした重要な文書である[17]。この報告書は、NGOが、政府、国際機関により、より高い優先順位を与えられるべきことを強調している。NGOの活動を活発にすることは効率のよい投資であるとしている。すなわち政府の手の届かない所にも達することができるからである。NGOの権利を拡大し、情報を与えることが必要であるとなす。ストックホルム会議でのNGOの役割を評価する。ストックホルム会議以降は、NGOが危険を警告し、環境への影響を評価し、対策を示した。そしてNGOは大衆的、政治的利益となったと総括している。

リオ会議で採択されたアジェンダ21は、NGOの役割については第27章「NGOの役割強化」で詳細に述べる。そこではその役割を重要なものとして政府や国連諸機関にその育成を指示している[18]。

3 NGOと国際的環境問題

1 環境問題の変遷

1960年の初め、環境の運動家はゴミの投棄や景観の悪化を取り上げていた。公園や川をきれいにすればよいと考えたのである。しかし、時代が経つにつれ、運動はゴミ問題一般に広がり、リサイクルに行きつく。さらに、ゴミのリサイクルから自然の循環へと広がり生態学的循環の大切さに行きついた。環境問題の概念が広がってきたのである。それはリオ会議が示したごとく環境問題は第三世界の貧困をも含む概念となったのである。北米自由貿易機構やGATTの交渉では、貿易が環境問題として取り上げられるようになった。また、社会正義も環境問題との関連で論じられる。

国際的NGOはこれらすべての変化に関わって来たわけではない。生態学的知識の普及の結果生まれた団体であると同時にその知識を広めたともいえ

る[19]。

2 国際政治におけるNGOの評価をめぐって

　伝統的研究者は国家政策に注目し、その観点からNGOの役割を評価する。主権国家の相互作用が本質的な政治活動であり、権力とは国家が保有する手段であると理解するのである。NGOは政府の行為に影響を与えるから、NGOが重要になってきたとする議論である[20]。

　これに対しては、NGOの活動は国家に影響を与えるのみならず、より大きな範囲での集団に影響している点を直視すべきであるというワプナーの主張がある[21]。例えばグリーンピースの行動は武器や法律によらず、人々の感性に訴え、新しい文化の樹立を呼び掛けるのである。

　国家を環境問題解決の中心とする考え方を国家主義と呼ぶ。その一方で、現行の分権的国家体制のもとでは、環境問題の解決は難しいので世界政府を作り対応すべしとする考え方も存在する。これが超国家主義の考え方である。世界政府こそが一貫した総合的対策をたて、地球を全体として守ることができるとする。

　国家主義も超国家主義も国家の制度的枠組みにより環境問題に対応できるとする考え方である。これはいずれも政治における国家の役割を重視し、他の方法を評価しない考えである[22]。ワプナーはこれらを、伝統主義的発想と言う。

　これに対しワプナーは、国家は中心的存在であるが決して国際政治の随一の存在でない、と主張する。国際環境政治に変化をもたらすためには、国家制度の内側・外側で機能する非国家的機能を利用しなければならない[23]。環境問題の複雑性は、国家制度の機能を上回っている。国家制度のみにたよる改革ではどうにもならない。環境政治は国家関係を越えたところで環境保護をめざさなければならない。

　ワプナーの主張は以上のとおりであるが、ここで便宜上この考えを地球主義と呼ぼう。NGOの国際環境政治における意味をきわめて積極的に解釈しようしている。国際政治の主要な役者、国家の限界をワプナーは正しく把握

していると、私は思う。環境問題の意義が大きく変化し、人間の生存を脅かす事態になった以上、新しい発想が緊急に求められているのである。

NGOは国家という枠組とはまったく違った運動エネルギーであり、おそらく環境問題解決のための大きな希望ではなかろうか。それは権力とは違った次元から、人間の考えと行動に影響を及ぼす不思議な存在なのである。

注

1) フレッド・ピアス『緑の戦士たち』平澤正夫訳、草思社、1992年、34頁参照。
2) P. Wapner, "Environmental Activism and World Civic Politics," Suny, 1996, p.47.
3) 同上。
4) ピアス、同上、13頁。
5) ピアス、同上、19頁。
6) Wapner、同上、77頁。
7) Wapner、同上、97頁。
8) Wapner、同上、121頁。
9) Wapner、同上、125頁。
10) Wapner、同上、155頁。
11) 米本昌平『地球環境問題とは何か』岩波新書、143頁。
12) 同上。
13) Peterson, "Implementation of Environmental Regime", p.128, Oran R. Young,ed. Global Governance, The MIT Press, 1997.
14) 同上、145頁。
15) 同上、146頁。
16) ピアス、同上、264頁。
17) The World Commission on Environment and Development,"Our Common Futute," p. 325, Oxford University Press, 1991.
18) 「アジェンダ21」, OECC, 355–358, 1996.
19) Wapner、同上、64頁。
20) Wapner、同上、58頁。
21) Wapner、同上、13頁。
22) Wapner、同上、8頁。
23) Wapner、同上、10頁。

第10章　オランダの環境保護運動

　西ヨーロッパの中でのオランダ環境保護運動の現況と課題を報告するのが本章の目的である。オランダの環境保護団体の特色を描くために近隣諸国との比較を必要に応じて行う。ここでは、「環境保護運動」を下記の意味で使う。1970年前後から西ヨーロッパに出現した、伝統的保護団体、政治的に急進的な保護団体(反原子力発電グループの活動を含む)。環境保護政党は運動と区別して考えるので、ここでは必要最小限にしか触れない。

　第１に環境保護運動の背景となった条件に触れ、1970年からどのように発展してきたかについて述べる。第２にどのような問題に取り組み、第３にどのような組織を作り、第４にどような戦術で戦っているのかを叙述する。

1　歴史的背景

1　オランダの政治制度と環境保護運動

　オランダの国家組織は中央集権的で強力である。オランダの選挙制度は、比例代表制を採用している。すなわち１％の得票を得れば１議席確保できる制度になっている。この政治制度はたいへん柔軟な組織と言えよう。オランダの議会は常に多数党が分立しているので、政党の連立による内閣組織の必要性が常にある。さらに非公式な形での政党、政府による政治運動体の取り込みがよくみられる。オランダ中央政府が強力であることは、環境保護団体

にとっては、オランダの政治制度をより魅力的なものとしている[1]。すなわちオランダ政府は、運動体の声を比較的よく聞くのみならず、たいへん効果的に行動する力を有しているということである。政府は環境運動体の中間団体(連合体)に補助金を与え、それが環境保護団体を利することになっている。もっともオランダでは政府や企業からいっさい資金を受け取らない有力な環境保護団体も存在する。

2 オランダ的特質

オランダの環境保護団体は行動・参加の点からドイツ、スイスの環境保護団体と比較して強力でないとの評価がある[2]。ドイツ、スイスの環境保護運動はすべての観点から最も強力である。ドイツの運動は、とくに非日常的動員に優れ、スイスのそれは日常的動員に優れる。非日常的な方法とは、請願、デモ、占拠、政治的暴力をさす。より過激な反原発運動がドイツで主流化したことは、非日常的動員がドイツの特質となったことを物語っている。西ヨーロッパにおける環境保護体の国別の総加入者数ではドイツ(300万人)、イギリス(180万人)、オランダ(170万人)となり、組織率ではオランダ、スイス、ドイツ、フランスの順となる。表1は、100万人あたりの環境保護団体の加入者の割合を示す。

表1 100万人あたりの環境保護団体の加入者数[3]

国	人／100万人
オランダ	74,000
スイス	61,000
ドイツ	32,000
フランス	16,000

1970年代後半になるとオランダにおいても環境保護運動は政治運動化し、大量の人を動員するようになった。環境保護運動体の加入者数は、他の新しい社会運動の数をはるかに上回り、環境保護運動は新しい社会運動の中でも、もっとも専門的で、もっとも組織化され、もっとも人的・物的資源に恵まれている[4]。1980年の半ば以降、オランダの環境保護運動は、スイス、ドイツとともに、大きな社会運動として急激に成長した。図1は75年から89年の毎月曜日の NDC / Handelsbald 紙の報道したオランダ環境団体の行動の件

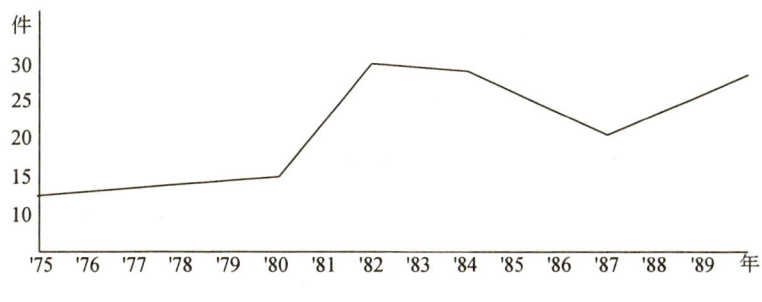

図1 オランダの環境保護運動の行動件数の推移

数のグラフである[5]。波型の変化を示している。

3 環境保護運動の歴史

オランダの環境保護運動は他の社会運動と同様、長い歴史を有する。それは20世紀の始めに遡ることができる。オランダ鳥類保護連盟は1899年に、自然保護連盟は1905年に、オランダ青年自然学習の会は1920年にそれぞれ設立されており、これらは現在も活動している。これらは名前の示すように、自然保護、景観保全、農業の研究などの分野で活動している。これら運動体の目的の1つは、貴重かつ有名な自然を工業や無計画な住宅建設による破壊から守ることであった。一般にこれらの団体は、非政治的であり、エリートの性格を有していた。1970年代になるまでこれら伝統的な自然保護団体がオランダの運動の姿であった。

1970年代になると新しい環境保護運動が次々と生まれてくる。便宜上1970〜1990年の間を3期に分ける。

1972年、ローマクラブ『成長の限界』が出版された頃は人口増加と大気の汚染、水の汚染が主要な問題であった。

1975年から1980年代初期になると原子力発電反対運動が大きな比重を占めるようになった。

1982年ごろから第3の課題、地球的問題の発想が生まれ、また持続的発展

や経済の生態学的近代化が課題となってきたのである。

1970年ごろ出現した新しい環境保護運動は、他の社会運動とあまり明確に区別できるものではなかった。女性運動、第三世界の運動とともに反文化、反体制の傾向を示していた。運動体内部の対立は生まれていなかった。環境保護団体の多くは環境問題を起こしている経済成長は止められるべきだと考えており、競争、成長、福祉に対して批判的であった。

1973年の石油危機を経て反原発運動が高まる。石油危機により中東石油に依存することが不安定であることがわかり、各国が原子力発電所の建設を進めたからである。反原発運動の担い手は、既存の環境保護組織に属さない人々であった。主に新しい組織が反原発運動を担っていく。既存の組織としては例外的に地球の友のみがこの運動に加わった[6]。

1973年、LLSK（カルカーを止める国民運動）が生まれた。カルカーは西ドイツの開発する高速増殖炉であったが、オランダが開発に参加していたためオランダの反対運動の対象となった。原子力発電所建設に反対する個人、団体は、反技術主義的であり原子力技術が頼りにならない危険なものだと考えた。

反原発運動は1976年〜1981年の後期には、地方的なものから全国的なものとなる一方、その手段が過激化していった。運動の傾向は反資本主義的、反権威主義的、反ファシズム的とも定義づけられた。スリーマイル島、チェルノブイリ原発事故により原発が危険でかつ経済的でないという主張が客観的に裏づけられ、反原発運動は、新しい原発建設の阻止に成功した。オーストリア、ドイツ、イタリア、ノルウェー、スウェーデン、スイスでも同様の成果をあげた（オランダは1997年3月26日ドーデワルド原発を廃炉とした。残り1つの原発も2004年に廃止する予定であり、オランダから原子力発電所は姿を消すこととなる）[7]。

1980年代になり反原発運動は弱まっていく。多くの組織化されていない反対団体はほぼ消えていった。原発に反対した活動家たちは、米軍によるヨーロッパ内の巡行ミサイル配備反対へと移って行く。組織化された反原発運動体内でも反資本主義の姿勢が弱まっていく。

2 運動の対象となる問題

1 地域の汚染問題から

　新しく生まれた環境保護運動体は、地域的活動から始まった。ロッテルダム西方のリームンド地方の大気汚染に関して、1963年、ノイビ水路地方の行動委員会が結成された。1970年には、リームンド行動委員会センターができ、アムステルダムでは、大気汚染反対運動が二硫化硫黄の排出源の工場(プロギル社)の操業に反対した。70年代の初めの5年間にこのような地域の汚染に反対する運動体が続々と出現した。こうして新たに生まれた600〜700の運動体は、市民の立ち上がったものである。町の建設計画に反対とか、航空機騒音、道路、工場騒音に反対するものであった。水、土壌汚染の運動もあった。

　全国規模の新しい運動体は70年代に生まれた。それらは、全般的な環境問題に取り組み、継続的な活動を要するという事態に対応した。これら団体のうち重要なものは、地球の友オランダ支部(1971年)、自然と環境(1972年)、小さな地球(1972年)、WWFオランダ(1972年)などである。グリーンピースのオランダ支部も1978年にアムステルダムに設置された。

　設立の最初の年から、ほとんどの全国的環境保護団体は、問題解決のために社会的な変革を主張する。地球の友は、技術依存を減らし、自然との均衡を取り戻せと主張するのである。このころ出版された書籍『成長の限界』や『スモールイズビューティフル』は重要な刺激を与えた。『成長の限界』の全世界での出版の半分がオランダで売れたといわれる[8]。技術的手段に依存するほど社会システムは不安定で傷つきやすいものとなる。環境保護運動体はシューマッハ(スモールイズビューティフル)の考えを手本として小さな組織の社会を支持する。シューマッハの経済成長批判は資本主義的生産方法を悪いものと考え、社会戦略の議論へと進む。

2 原子力をめぐって

　原子力発電所建設が70年代中ばに最大の環境問題となった。ドイツのカルカー原子力発電所（高速増殖炉）へのオランダの参加をめぐり、大々的な反対がおこった。短期間の内に地方で無数の反対運動がおこる。反原発運動では地球の友、ストーハルム（STOHHALM）が重要な役割を果たした。さまざまな反対団体は「カルカーを止める委員会」を結成し、運動を調整した[9]。

　さらに政党PSP（進歩社会党）とPPRはこの委員会と合同して「国土エネルギー委員会」をつくる[10]。3つの目標①エネルギーの消費、生産はエコロジーに合ったものを、②エネルギーの節約、③発電部門の民主化、を協約した。

　1973年、オランダには2つの原子力発電所があった。1974年、政府は大型炉を計画したが、激しい抵抗にあい、計画を撤回した。この反対運動を通じて他の運動体が生まれる。すなわちエネルギー節約センター（研究所）が1978年にできる。原子力発電の代わりに節約と持続的エネルギー供給を提案したのである。

　この他に、「エネルギー討論会」がある。政党、婦人団体、環境保護団体など55の社会団体が参加している。しかし、ある環境保護団体は、この団体を運動を分裂させるものと批判した。「ドーデヴァードへ」（Dodewaad nach zu）はこの批判派であり、1980年と1981年にドーデヴァード原発に反対するため大衆動員をかけた。1981年には反原発団体は各地に300を越えた[11]。

3 組織化へ

　1976年には、国民環境委員会（Grenium）が生まれた。さまざまな団体の集合体である。「自然と環境」も州や国のレベルの自然保護組織がほとんど参加している。

　原発論争の後、80年代のはじめに、環境保護団体は化学物質、水、土壌などの汚染に取り組むようになった。住宅地の土壌が有害物質で汚染されていることがわかり、そこの住民が団体を結成し、補償や原状回復を訴えた。1980

年に「有害でないオランダ」が結成された。

　80年代前半は環境保護団体にとって適切な戦略の熟考の時代であった。社会主義社会が行きづまり、左翼の政治に疑問が高まったのである。懐疑的ユートピア主義が現われた。とどのつまり技術的発展(コンピュータなど)が不自然であるという批判を修正する動きが強まる。多くの環境保護団体は資源を循環し、技術の開発や汚染物質を分解する生物技術の開発を経済成長に結びつけることは望ましいと考えるようになった。輸出型経済の代わりに地方市場を中心とする自給型経済を支持するものの、エコロジカルな近代化のために技術のよい面を評価すべきではないのかという考えが出てくる。資本主義的社会構造の中での、本質的な変革なしのエコロジカルな近代化が可能かどうかの議論を経て、結局、運動体は、工業社会の中での代替案を得る努力を続けている。工業的生産システムの廃止でなく、エコロジカルな基準のもとに、近代化と変化をめざすようになった。

4 酸性雨

　酸性雨は1980年代の重要なテーマであり、自然と環境の連合体や地球の友は政府と二酸化硫黄の排出規制をめぐり戦った。運動体は石油精製工業を酸性雨の犯人として政府を追求した。多くの環境保護団体は年1回、「酸性雨週間」を組織し問題を提起してきた。また、異なった環境保護団体は、それぞれの方法により酸性雨の問題に取り組んだ。

5 地球意識へ

　1980年代後半になり多くの環境問題が世界的規模の大きさを有するとの認識が環境保護団体に広まった。問題の解決には国際的レベルの解決が役立つのではないかとの考えが出てきたのである。温室効果、オゾン層破壊、熱帯林減少が取り組むべき問題として運動体の認識するところとなった。自動車交通、スプレーの使用、熱帯材、マクドナルドハンバーガーの消費に反対しなければならないと運動体は感じたのである[12]。これまでの環境問題に対す

る即興的な行動は姿を消し、より大きい、専門的、世界的視野を持つ団体が運動を担うようになった。

3 組織的特色

1 環境保護団体の法人化について[13]

　グリーンピース、自然保護連盟(Natuurmonumenten)、WWFなどのオランダの環境保護団体は、他の人々の利益を代表する法人である。オランダの民法第2編は、法人について次のように規定している。

　法人は自然人と同等の権利を有する。法人格を希望する環境保護団体は、社団(vereniging)となるか、財団(stichting)となることができる。社団は、いかなる目的を有してもよい。利益を求める活動でもよい。しかし、利益を会員に分配することは禁じられている。共同組合活動や相互保険を目的にすることもできない。法人格の取得のためには、規約(名称、目的、場所など)を登記しなければならない。

　オランダでは、この種の法人格が、簡便さのために多く利用される。会員加入は理事会により承認されなければならず、理事会は、経理簿をつけ、会計年度終了6カ月以内に、年次報告書を出さなければならない。会計報告は、総会で承認を受ける。公認会計士または監査人の認証が必要とされる。財団は、会員または株主のいない随一の民事法人である。財団はいかなる目的を有してもよいが、利益を設立者や会員に分配できない。公益または社会的目的を持つ第三者に対しては、資金の提供ができる。財団は1人または複数人により、公証人の証明、遺言により設立ができる。財団の名称には、かならず財団(Stiching)の名称が挿入されなければならい。

　法人税法は社団や財団の商業行為に対して、法人税の賦課を規定する(法人税法第2条第2項)。個人所得税の納付者には、寄付金、会費についての控除が認められる。すなわち環境保護団体に対する寄付は、教会、政党、慈善団体、科学研究所に対するものと同様、控除されるのである。もちろん一定の

限度額の範囲内であるが。贈与者のは、控除前の所得の１％を越える金額から寄付金の控除を認められる。ただし、控除限度額は所得の10％までである。所得が１万2000ギルダー(73万2000円)より低い人は、所得の１％でなく、120ギルダー(7320円)を越える額から控除できる。

　オランダでは、このように環境保護団体の法人化は、単に登記する手続だけで済みかつ税法によりこの団体に対する寄付金や会費が税控除の対象となるのである。1989年にグリーンピース・インターナショナルがイギリスからアムステルダムに本部を移したのは、NGOの活動がオランダでもっとも容易なためであった。オランダでは、グリーンピースはどの政党よりも多くの人々の支持を受けることができた。実際的な理由は、イギリスでは、行動を基本とするグリーンピースのようなNGO団体は、差し止め訴訟、懲罰的罰金制度のために傷つきやすいことがはっきりしたためである。また、税制上、オランダの制度が有利であるためであった。グリーンピース・インターナショナルは、こうしてオランダの民法上の財団法人となったのである。

2　環境保護団体の組織

　1990年代のはじめ、環境保護団体の会員はオランダでは200万人を越えていた。この数は、新しい社会運動のなかで、最大の規模であった。三大環境保護団体(グリーンピース、自然保護連盟、WWF)会員合計数は1975年の30万人から1990年には160万人に増加した。
　(1) 伝統的自然景観保護団体、(2) 政治的な影響力の行使をする団体、(3) 大衆動員型の組織、(4) 研究、教育型の運動体に便宜上分類し、その組織を見ていこう。

(1) 伝統的自然景観保護団体

　伝統的な自然保護団体は、オランダの団体の過半数をしめる。重要な団体としては、自然保護連盟(1905年設立、会員30万人、７万ヘクタールの土地所有)、WWF(1972年設立、会員32万人)、野鳥の会(1899年設立、会員6万5000人)がある。

表2　グリーンピース・オランダの会員数

年	会員数
1979年	4,000人
1980	18,000
1983	45,000
1985	70,000
1986	140,000
1987	300,000
1990	640,000
1991	830,000

(2) 政治的な影響力の行使をする団体

①　グリーンピースはオランダ最大の環境保護団体である。1978年にオランダ支部が設立された。国際本部は、1989年にアムステルダムに移ってきた。

グリーンピースの組織を見よう[14]。下記のように三つの部門がある。

・キャンペーン／行動
・メディア／宣伝／市場／資金集め／財政
・法律／政策／研究／ロビー

グリーンピースは水平的な組織でなく、垂直的組織であり上位下達の決定方式を取っている。直接行動を取る一部の人と、会費を払うのみの大多数の会員との差が大きいのもグリーンピースの特色である。

グリーンピース・オランダの財源は、会費(1人の年会費20ギルダー〈1220円〉)、商業活動(総収入、40万ギルダー〈2400万円〉)、寄付(50万ギルダー)、キャンペーン基金(250万ギルダー)からなる(1989年の数値)。グリーンピースの商業活動は企業にグリーンピースの商標を貸し収入を得る形を取る。スポーツ用品メーカーのペンギンやユニオン自転車がボートにグリーンピースの商標を付している。表2はグリーンピース・オランダの会員数の推移である[15]。グリーンピース95年報告書によれば1995年のグリーンピース・オランダの総収入は、3648万米ドル(約36億円)であった。

②　自然と環境財団(Die Stifiting Natuur en Milieu)

自然と環境財団は1972年に設立された。その政治的影響力はきわめて大きい。四つの全国的規模の組織が設立した連合組織がこの自然と環境財団である。この組織は、1977年に独立の全国組織となった。加入の組織から指導者が事務局に入った。現在12の州単位の組織(オランダには12の州〈province〉がある)と8つの全国的な規模の環境組織が参加している。春と秋、総会により活動方針を決める。組織は中央集権的であり、専門家を事務局に配置している。

専門的知識の提供、連絡、運動の調整、雑誌の発行が事務局の仕事である。自然と環境財団は国際的活動にも積極的であり、ヨーロッパ環境事務局(EEB)と国際自然保護連合(IUCN)に加入している。その本部は、ユトレヒトにある。本財団は財団の性格上、法的には会員は存在しない。会費会員、寄贈者、後援者が資金を負担するものの、その収入はわずかである。3分の2の収入は、国からの補助金によっている。支出の大部分は人件費である。1989年の収入は、400万ギルダー(2億4000万円)で、40人を雇用していた[16]。

(3) 動員型組織

第3類型のオランダ環境保護団体の組織の流れは、動員型である[17]。ハドネン湖を守る会は、1965年に設立され、6万8000人がこれに参加した。地球の友は、1971年オランダ支部を設立した。地球の友の構造は、始めから分権的であった。1987年には、50のグループが存在したが、1991年には、それが91グループとなった。決定は、下から上へあげる方式を取り、地方や州単位での行動を生かす方式がとられる。1990年の会員数は2万7000人であり、予算は345万ギルダー(2億6000万円)であった。

(4) 環境研究グループと代替案提示グループ

環境研究のグループは古くから存在し自然と景観保護に関する研究活動をしてきた[18]。

- 民族発展自然研究オランダ研究所：1901年設立、1万人の会員を擁する。
- 国民オランダ博物史連盟：1901年設立、1万人。
- 自然教育研究所：1960年設立、1万4500人。
- 自然研究青年同盟：1920年設立、1500人。

代替案提示型の団体は、「小さな地球財団」(Kleine Aarde)[19]「人と環境の共生連盟」などである。「小さな地球財団」は、ボクステル(Boxtel)にあり、組織としては企業部と専門教育・エネルギー部がある。1973年の設立以来、雑誌を出版してきた。その雑誌は、養育、土地の耕作、造園、食料の分配、小規模な生産、省エネルギー、健康維持などを取り上げる。会員数は1万4000人であり、常勤、非常勤、実習生、ボランティアなど25人が共同体に住んでい

る。収益は農業生産物の販売、教習、出版などによるほか、国、州、市よりの補助金による。1989年の収益金は、150万ギルダー(9000万円)であった。「小さな地球財団」は新しい生活様式の確立をめざし、環境にやさしい土地や庭の管理方法やエネルギーの使用を実験している。生態学的な要求を考慮した人と環境が1つとなった生活方法を追求する団体である。旅行、ハイキング、労働時間、学校生徒のための実習を組織し、また放送、雑誌記事により会の考えを普及しょうとしている[20]。

4 運動の方法

1 伝統的運動体

　自然保護・景観保全などを目的とする伝統的な環境保護団体は、土地の取得とロビー活動を主な手段としている。後者は政治家と接触する行動的ロビー活動と呼ばれる。自然保護連盟の会長は、政治家とよい関係を維持していることで知られている[21]。「自然と環境財団」は、ロビー活動の他、審議会の委員として自治体、政府の環境政策決定に関わりを持つ。非政治的な自然保護連盟と異なり、「自然と環境財団」は政治的に動き、公開性を重視するなど、伝統的団体には見られない特質を有する。

2 反原発運動

　反原発運動は、1976年までは地方的な存在であり、穏健な手段による活動をしていた。すなわち、調査委員会や審議会参加、ロビー活動、教育活動、デモの組織などであった。1976〜91年には、もっとはっきりした形で反対の意志を示すため過激な方法が取られるようになった。オランダのドーデバルドでは、1980年、1981年の2度にわたり原子力発電所を包囲し、付近の道路を閉鎖し、デモなどの抗議行動が行われた[22]。81年のドーデバルド原発に対する抗議行動ではデモ隊と警官隊が衝突、逮捕者を出した。このような運動形態はオランダだけの現象ではなかった。ドイツのゴルレーベンでは、1979

年に10万人が、フランスのマルビルでは、1976年に6万人が現地でのデモ、道路封鎖などに参加した。

3 地球の友

地球の友は、審議会に積極的に参加し、環境問題と専門家としての意見を公表する。団体としては1体であるが、91ある基礎グループ(地方支部)の行動を重視する。

4 グリーンピース

グリーンピースは、ロビー活動をしつつ、特別に海などで目立つ行動にでる。行動を取るのは多くの人の注意を特定の問題に引きつけるためである。グリーンピースの会員は行動をしないが、少数の中核部隊が行動を取る。グリーンピース・オランダは最初、ロマン主義的環境保護団体であった。オヒョウの保護運動がオランダのグリーンピースの最初の取り組みであった。やがて、北海汚染、海洋への放射性物質の投棄反対運動を行う。既存の環境保護団体には加わらず独自の活動を展開する。グリーンピース・オランダは、多数の会員数(1991年で83万人)の恩恵を受けている。専門的メディアを使っての宣伝も巧みである。

ここでグリーンピースの取り組んだ北海のブレントスパー(海上の原油採掘の櫓)の海洋投棄反対運動を紹介する[23]。

1995年に英国シェル石油は北海の石油採掘のための櫓ブレントスパーをスコットランド沖のヘブリデス諸島から170キロの大西洋の海底に、爆破したうえ投棄することを決定し、環境影響評価を経てイギリス政府

表3 北海油田の資源開発

	櫓の数	年間石油採掘量 (100万t)	年間ガス採掘量 (10億m³)
英　　国	208	84.0	45.0
オランダ	106	1.9	17.3
ノルウェー	71	91.0	25.0
デンマーク	31	6.0	5.1

の許可を得た。北海には約400の櫓がある(表３参照)。

　ブレントスパーは、1億4500万トン、海上の高さ23メートル、全体の高さ137メートルの構築物で、上部にヘリポート、内部に石油タンクを有する構造になっている。グリーンピースはこの櫓の海洋投棄が今後、北海に400ある櫓の廃棄の前例となることを恐れ、反対運動を展開したのである。

　1995年４月30日、グリーンピースは船によりブレントスパーに接近、隊員がこれにロープをかけてよじ登った。グリーンピースの隊員15名がブレントスパーに入り、5月23日に英国警察とシェル石油社員により排除されるまでこれを占領した。グリーンピースは、再び６月16日にブレントスパーの占拠をめざした。シェル石油は、海上に船舶を配置し、毎秒６トンの水を放水し、グリーンピースの船やゴムボートの接近を妨げた。放水の隙をついてグリーンピースはヘリコプターから２人の隊員をブレントスパーのヘリーポートに降下させた。グリーンピースの母船アルターはただちに世界に向けてこの占拠のニュースを流した。

　北海ブレントスパー占拠作戦のグリーンピース行動隊員は、英国、オランダ、ドイツから海に豊かな経験を有する人材を募集して集めた人々であった。ドイツの週刊誌『デア・シュピーゲル』(Der Spiegel)の女性記者は、グリーンピースの高速ゴムボートに同乗し、この戦いを取材した。『デア・シュピーゲル』誌６月19日号は、この海戦の特集を組んだ。グリーンピースはブレントスパー占拠をオランダ、ドイツのテレビ、新聞に大きく報道させ、海洋投棄の問題を大衆に提示したのである。

　シェル石油は、オランダ王室のベルンハルト殿下(前女王の夫)より、この問題を早く解決するよう要請されていた。オランダ王室が２％のシェル石油の株主であり、ベルンハルト殿下は、世界自然保護基金(WWF)の元総裁であった[24)]。また、ドイツのコール首相もブレントスパーの海洋投棄に反対を表明し、ハリファクスで開かれたＧ７の首脳会議でこれを取り上げ、メイジャー英国首相に圧力をかけた。

　ドイツでは、シェル石油のハンブルグ販売所の客待ち合い所が焼き討ちに

あい、新聞社にはシェル石油非難の投書が殺到した。教会、労働組合、キリスト教社会同盟(CSU)、印刷会社、下着メーカーなどがシェル製品のボイコットを展開した。シェルスタンドの売り上げは半減し、他社のガソリンスタンドに列ができた。今までにこれほど激しく、大規模な反対運動が展開されたことはなかったと言う[25]。

シェル石油本社(資本金オランダ側60％、英国側40％出資)は、1995年6月20日、デンハーグで、取締役会を開き対応を協議した。グループ会長ヘルクストレーター(Herkströter)は、ブレントスパーの海洋投棄中止を決定し、グリーンピース会長ボーデ(Bode)に電話し、これを伝えた[26]。

ゴムボートで荒波を蹴り、巨人シェル石油[27]に立ち向かうグリーンピースのイメージは再び勝利した。「すべての拍手は、グリーンピースに行きその声は新鮮で緑に輝く」と評したのは、『デア・シュピーゲル』誌であった[28]。

当時、グリーンピースの会員数と予算規模は減り続け、組織運営を巡る内部対立が続いていたところ、この久々の直接行動によりグリーンピースの組織は会員数、予算額の落ち込みに歯止めを掛けることができた。近年、反捕鯨、アザラシの保護などグリーンピースが主張してきたことが各国政府に受け入れられ、グリーンピースは、行動を取るよりも調査、研究、助言をする機関になりつつある。活動家よりも、大学院で博士号を取得した人達に運動の主導権が移りかけている。ともあれ世界全体の会員数290万人の会費収入と少数の行動派の派手な行為はグリーンピースの特色とするところである。

5 結　語

オランダには20世紀の初めから自然・景観を守るための団体が存在してきた。1970年代になり、次々に結成された新しい環境保護組織は、自然保護のみを目的とする伝統的な団体と違い、汚染による社会的結果を問題とした。地球の友は技術的な経済成長を非難し、代替案として、緑のユートピアを提案した。70年代に新しく生まれた環境保護団体は、反文化的傾向を示したの

である。これら新しい環境保護運動は技術万能の、成長一本槍の社会体制が汚染を生むと考え、小さな企業、生態学的社会組織を望んだのである。

1970年から1981年にかけて汚染に対する認識は高まり、運動は政治化していく。この期間に反原発運動は最も大きな高まりを見せた。

1980年から1990年には、環境保護運動による資本主義批判は弱くなる。多くの環境保護団体は資本主義の枠内でのエコロジカルな近代化に同調するようになる。例えば地球の友はそれまでの路線「小さいことはよいことだ」を変更した。しかし、「小さな地球」は最初の理想を保持し続けている。全体としては、環境保護運動の反文化の流れが失われたのである。90年代になり、環境保護運動は汚染問題のみに一般的にかかわっておられず、具体的かつ実践的に環境問題に取り組まざるをえなくなっている。

オランダの環境保護運動は、グリーンピース、WWF、自然保護連盟の三大団体だけで160万人以上の会員を擁する。オランダの環境保護団体の組織率はヨーロッパ最大を誇る。これら3団体は、財政的にも余裕がある。これらの3団体は会員以外からの資金を求めない。一方で、政府の補助金を有効に活用する自然と環境財団のような環境保護団体も多い。

オランダの環境保護運動は、社会運動の中で組織、エネルギーの点で1番大きなものであった。オランダの政治風土は環境保護運動の行動を容易なものにする点に特色がある。オランダ民法により環境保護団体は簡単に法人格が取得でき、税法上も寄付金控除が認められている。環境保護運動の呼びかけに世論が呼応し、王室、政府も同調するといった柔軟な社会構造があると考えられる。

環境保護運動と政党の結合はオランダの場合比較的に小さいと指摘される[29]。環境問題に対する労働党(連立政権に参加)の関心の低さと、緑の左翼党(Gruen Links)の相対的に弱体なことがそれを示している。緑の左翼党は、下院に5議席(下院全議席150)を確保している。

オランダの環境保護運動は体制化をほぼ完了したと指摘される。すなわちオランダの環境保護団体は、安定した地位を築いたのである。その行動能力

の範囲は、政府に反対することから政府への同調まで多様な方法、姿勢を取り得るようになった。

環境保護団体への政府補助金の存在は、各運動団体の会員獲得競争を弱め、オランダの協力なロビー団体SNM（自然と環境財団）との協力関係を促している[30]。オランダの環境保護団体はヨーロッパ共同体へのロビー活動についても国内と同様、SNMに依存している。

ヨーロッパ共同体の環境政策形成に関しては、オランダ政府と環境保護運動の利害の一致が見られる。この分野でのオランダの環境保護運動のオランダ政府への参与は、ヨーロッパ環境政策参加への効果的な方法とみなされ、政府と環境保護運動の協力関係が存在している。

オランダの環境政策は革新的なものであり、先進工業国の最先端を走っている[31]。その政策に影響力を行使してきたのは、環境保護運動である。オランダの事例は、強力な環境政策には、強力な環境保護運動が必要なことを示しているのではないだろうか。

注

1) Heijden, Koopmans, Giugni, "The West European Environmental Movement," *Research in Social Movements, Conflicts and Change, Supplement 2,* JAI Press, 1992, p. 22.
2) ibid.
3) ibid., p.22.
4) ibid., p.33.
5) ibid., p.29.
6) 地球の友の創立者ブラウワーは、シェラクラブの会長を長年務めたが、原発をめぐりクラブ内で論争があり、反原発を貫くブラウワーは、シラクラブを脱退、地球の友を創設した。地球の友が反原発を主張するのは当然である。
7) 1997年3月8日、朝日新聞（大阪版）。
8) Hein-Anton van der Heijden, "Niederlande," *Umweltverbände und EG,* Westdeutscher Verlag, Christian Hey, Uwe Brendle.(ed)1991., p. 245.
9) ibid., p.246.

10) ibid.
11) ibid., p.245.
12) ibid., p.249.
13) Mark Uilhom, Institute of Environmental Damages, Erasumus University, 1973年3月12日付け文書回答。環境保護団体の法人化について論じたのは、日本のほとんどの環境NGOが任意団体に留まっている状態を考慮したためである。現在、日本の国会にNGOに法人格を付与する法案が提出されている。
14) Hein-Anton van der Heijden, ibid.,p.256.
15) ibid.
16) ibid., p.258.
17) ibid., p.260.
18) ibid., p.264
19) ibid., p.265
20) ibid., p.266
21) ibid.
22) ibid., p.263.
23) Der Spiegel, Nr. 19/95, p.144., Nr. 25/95, p.27.
24) Der Spiegel, Nr. 26/95, p.85.
25) Der Spiegel, Nr. 25/95, p.23.
26) Der Spiegel, Nr. 26/95, p.87.
27) シェル石油のグループとしての売り上げ額は世界第3位である。1994年のシェルグループの売り上げ額は、1160億米ドル(11兆6000億円)、利益630億米ドルであった。シェル石油はナイジェリアでも石油開発を進めているが、ナイジェリア政府による人権の抑圧に手を貸していると非難されている。
28) Der Spiegel, Nr. 25/95, p.22.
29) Hein-Anton van der Heijden, ibid.,p.276.
30) ibid.
31) 長谷敏夫、「オランダの環境政策」、東京国際大学論叢国際関係学部編、第2号(1996年)参照。

第4部　環境保護運動の意義

第11章　環境保護運動の意義

　日本の環境保護運動は公害に対する戦いから始まった。公害により健康を侵された人々がやむなく立ち上がり、汚染者に抗議を始めたのである。たとえば水俣、新潟の水俣病、四日市大気汚染、イタイイタイ病、大阪国際空港公害の被害者はあらゆる手段を使い、汚染者、政府、裁判所、世論に救済を求めたのである。自然保護のための運動も無視できない。戦後すぐに尾瀬ヶ原、尾瀬沼がダムにより水没させられる恐れが生じたとき、失われていく自然を思い、尾瀬の保存運動がおこった。70年代はじめには、尾瀬沼に迫る道路建設に対し辛うじてこれを阻止し、再び尾瀬の破壊を防いだ運動があった。琵琶湖の総合開発に対して差し止めを求めて裁判闘争に出た琵琶湖環境権訴訟団の例もある。運動は状況の悪化により、止むにやまれず被害者が、あるいは自然を愛する者が集まり、組織を作ったのである。運動体は開発者、地方自治体、政府の政策決定者に決定変更の決断を迫ったのである。
　環境を守る上で運動は不可欠である。その機能を他に期待することはできない。
　尾瀬ヶ原、尾瀬沼は、自然愛好家による情熱ある運動により守られたといってよい。当時の環境庁長官大石武一氏を動かし群馬県、新潟県、福島県知事をして道路建設を中止させたのは、尾瀬沼の長蔵小屋の平野長靖氏を中心とする反対運動であった。
　成田の新東京国際空港建設反対運動では、地元農民の反対に強力な外部か

らの支援があったものの、政府の強硬方針が貫かれ、廃港の望みはなくなくなった。しかし、工事を大幅に遅らせ、第1滑走路しか作らせなかったことは、反対運動の影響を抜いては語れない。

　外圧の利用によって自然保護を達成する方法もある。石垣市白保沖の海を埋め立て空港を作る計画に反対する運動は、IUCN（国際自然保護連合）に援助を求めた。数百年も生きている青サンゴの保護を強く訴えて国際的世論の支持を得ることにより、白保沖の空港建設案を中止に追い込んだのである。IUCNは二回、総会で白保沖埋立てによる空港建設反対を決議した。

　政治とは物事を解決する芸術である。環境問題を解決するのはすなわち政治ということになる。環境保護運動はこの政治への影響力の行使によって目標を達成することをめざしている。世論を動かし、政治家を引き込むことに環境保護運動の力が注がれる。世論の支持は不可欠である。反対している人々がいること及びその主張を世論に訴える上で、新聞の力は大きい。そのため運動を新聞のニュースにしてもらうことが大切となってくる。

　署名運動もよく取られる手段である。また、裁判所に被害を訴えることもよく行われる。デモ、座り込み、封鎖などの直接行動は日本の場合比較的少ない。このことをもって日本では運動が弱いと断ずることはできない。日本の運動の方法は日本の政治的伝統に根ざしている。直接行動は日本の政治文化の中では、例外的なものなのである。

　地域を見れば小さい環境保護団体が多くあり、特定の問題に立ち向かっている。全国的組織をもつ運動体は日本においては数える程しかなく、ほとんどの場合、地域での活動団体といえよう。「地球的規模で考え、地域で行動しよう（Think globally, Act locally）」との標語にもかかわらず、地域的に考え地域的に行動しているのが現実である。

　地方選挙の争点に環境問題を持ち出せば、環境保護の訴えを広めることができる。世論の支持を広く求める運動の良き機会となる。首長選挙、議会選挙の他、最近の傾向は住民投票条例の制定請求から始めて、まず投票条例を作らせる。次に住民投票による決着をはかる運動方法が取られる。住民投票

は民意からかけ離れた首長、議会に警鐘を鳴らす機会となる。もっとも地方自治は間接民主主義が基本であるという議会の反発がある。

　新潟県巻町の原発反対運動は原発を受け入れるかどうかの住民投票を求めた。町長に対する解職請求の手続き中に町長は辞任、反対派から町長が生まれた。新町長は住民投票を実施し、原発反対票が多数を占めた（1996年8月）。巻町はこうして原発反対を町として決定した。

　徳島県の大河、吉野川に新たに川口堰を作るという建設省の計画に反対する徳島市の反対運動は住民投票を求め、投票に持ち込んだ（2000年1月）。結果、堰の建設を不要とする多数の意見が表明され、徳島市長は、堰に反対を表明した。

　過去30年の環境問題の内容の変化を見てみよう。従来からある公害に加えて、新しい問題がでてきている。ダイオキシンによる汚染、微量でも動物の体内に入ればホルモンの働きをする化学物質の増加、遺伝子操作された生物の環境への放出、携帯電話・コンピュータ・高圧送電線の出す電磁波に人体がさらされる機会の増加が指摘できる。さらに地球的規模の問題すなわち気候変動、砂漠化、熱帯林の消滅、オゾン層破壊による紫外線増加、酸性雨、原子力発電所の増加による環境中への放射性物質排出、放射性廃棄物の増加など新しい現象が次々と表れてきた。こういった新しい問題に対して新しい運動が組織されていった。次々とあらわれる新しい現象に対して対応を迫られるからである。ガウスネットワークは電磁波による被害防止を求める運動である。1998年に組織された気候ネットワークは、地球温暖化に対して効果的な対策を求める団体である。日本子孫基金や遺伝子操作食品反対キャンペーンは遺伝子操作食品の安全性に疑問を持ち、安全性の確認を求めて活動している。

　しかし、以前からある公害は解決したわけではない。厚木基地、横田基地、嘉手納基地の騒音はなくならない。これら基地に対する夜間飛行の差し止め訴訟は続行、大都市の二酸化チッソの汚染はひどくなる一方である。自動車、高速道路は増え続け、ダム、干潟埋め立ても続行している。陸上での合成洗

剤の使用は止まず、海に入って赤潮を発生させている。重金属による魚介類の汚染、農産物の農薬残留は問題を多くの人々が忘れただけで、問題はむしろ深刻になっている。従来からの公害反対運動や被害者救済運動が消滅したわけではない。公害裁判は延々と続いている。裁判以外の方法により運動を続けている団体も多い。運動を担っている人達は、運動をやめたくても問題が解決していないのでやめることができないのである。このように環境質の悪化する一方のなかにあって環境保護運動の苦悩は深い。日本の狭い国土のなかで52基の原子炉が動き、さらに増加するという状況がある。チェルノブイリ級の事故があれば、日本列島で安全な逃げ場はない。この状況は狂気の沙汰である。

　環境問題の多様化、拡散状況に対して反対運動も問題ごとに組織され、それぞれの分野での戦いを余儀なくされている。運動相互間をつなぐ連絡網はかならずしも整備されていない。

　環境保護運動が特定の政党に影響力を強め、その政党を通して環境対策を強化していくことは、現実的な方法である。既存の政党が環境に理解を示さない場合は、いわゆる環境政党を運動体がみずから育てていく必要がある。環境政党を政権党に押し上げていくことが、政策転換を促すことにつながる。

　台湾の民進党は原発反対を公約として、総統選挙に勝利、第4原発の建設を中止、さらに稼働中の原発の段階的廃止を決めた。ドイツの緑の党(die Grünen Bündnis 90)は、社民党(SPD)と連立政権を作り、原発の全廃を政府の政策とした(1998年10月)。ベルギーの環境政党アグレブ(Aglave)、エコロ(Ecolo)は連立政権参加をはたし、原発の廃止を政府の方針とした(1999年7月の政府合意)。フランスでは緑の党(Les Verts)が中道左派政権に参加し、環境大臣を閣僚に送り出した(2002年5月まで)。環境政党の政策の参加の実例は日本にとっては示唆に富む。日本ではいまだ環境保護政党は存在せず、環境党の政権参加実現は夢である。しかし、諸外国の実績に照らせば不可能というわけではない。

　最後に運動方法の変化を見てみよう。インターネットを活用する運動体が

増えてきた。運動が関連情報をホームページにのせて問題を広く知らしめることができる。これはたいへん有効な方法である。遠くの人々も支援を与えることができる。また、運動の孤立化を防ぐことが可能である。インターネットを通じて情報が早く流れるようになった。運動体は国際的に連帯を広げ、世界銀行、国際通貨基金の年次総会、世界貿易機関の閣僚会議、温暖化防止条約締約国会議に全世界から環境保護団体が抗議に集まることが多くなった。

　開発をすすめる組織と暴力的に向き合う運動方式が減った。マスコミに環境問題と情報を提供し、政権に参加して政治を変えるやり方もみられる。また住民投票条例を作り、投票によって開発の是非を問う戦術が生まれた。新潟県巻町、徳島市民による吉野川の河口堰建設に対する住民投票があった。産業廃棄物処分場に関しては岐阜県御嵩町の住民投票（1997年6月）、岡山県吉永町（1998年2月）の住民投票などの例がある。

　また企業や自治体と共同して事業を行なう運動体も出てきた。企業や自治体を批判し、敵対するよりも参加によって目的を達成する戦術が取られるのである。リオでの地球環境サミットで採択されたアジェンダ21は市民参加をもとにローカルアジェンダをつくることを勧告している。日本の自治体では、ローカルアジェンダの策定に努めている。その策定に環境保護団体も受け入れられているのである。京都府長岡京市では、民間団体の環境市民と合同で、長岡京市アジェンダ21を作った。また、環境市民は京都市環境教育センター設立にあたり、コンサルタント契約を結んで全面的な関わりをもった。これは自治体がこの分野にまったく経験をもたず、人材を欠くので、環境教育に取り組む環境市民の知恵を活用したのである。

　法人格を取得する運動体が増加している。これは、1999年成立した非営利活動（NPO）推進法により非営利活動団体（NPO）という新たな法人の設立が容易になったことによる。運動をすすめる上で法人格の取得が何かと便利であると考えた運動体は、この法の定めるNPOになるのである。

　このように環境保護運動は全国各地であらゆる手段を使い数々の活動を続

けている。

　日本道路公団によれば、高速自動車道を現在の6000キロから1万5000キロにするという。原発増設、空港拡大、新幹線建設、ダムの建設など目白押しである。これでは、地球温暖化の防止は不可能であり、国土がコンクリートで醜く固められてしまう。また、資源の枯渇－金属、石油の消費増大は止まらない。1970年代に出されたローマクラブの予測(「成長の限界」)が妥当する状況にある。人類は汚染の増大、資源の枯渇の道を歩んでいる。21世紀を迎えた人類は持続不可能な方向に向かっている。この状況を変えうるかどうかは環境保護運動の力量にかかっているといってよい。

あとがき

　1960年代には、公害が激化し、各地で反対運動が起こった。その反対運動を1980年に私が『日本の環境保護運動』にまとめた。そして20年の時が流れた。本書はこの20年に著書が発表した論文を集め一部を書き足したものである。

　1980年代、90年代になっても「環境」は民衆、政府の主要な関心事である。問題は解決されるどころかますます深刻化・複雑化している。今日では環境の汚染が人の健康や生命に及ぼすことがよく理解されている。マスコミは常に環境問題を報道する。より多くの環境法が制定され、また環境基本計画が策定された。そして環境保護運動はますます盛んである。

　環境保護運動を学ぶ機会を提供してくれた先達に深く感謝する。琵琶湖環境権訴訟団の長であった高槻市の辻田啓志氏、筑波大学の中村紀一先生、小浜市明通寺住職の中嶌哲演和尚、使い捨て時代を考える会の槌田劭先生、木村万平氏、西山の自然と文化を守る会の林正史氏、環境市民の折田泰宏弁護士、枚本育成氏、イーストアングリア大学のオリオルデン教授に感謝する。

　東信堂社長下田勝司氏の助言と協力なしには本書は完成しなかった。心よりお礼を申し上げる。

　2001年10月5日に亡くなった父栄次郎に本書を捧げる。

　過去に出版された論文の出所は「初出一覧」のとおりである。

初出一覧

第1章　日本の環境保護運動（著者による翻訳）
- "Japan's Environmental Movement," O'Riordan (ed.) Progress in Resource Management and Environmental Planning vol.2, John Wiley,1981

第2章　OECD「日本の経験」（環境政策報告書）を読んで
- 環境科学研究報告集　OECD「日本の環境政策レビュー」の評価・検討－中間報告－1983年10月「日本の環境政策レビュー」の評価・検討班（編集・発行）20～22頁

第3章　原子力発電所と住民運動
- 『都市問題』第61巻　第4号　1979年4月号、79～87頁

第4章　開発と環境
1　京都市西部開発計画をめぐって
- 『公害と対策』第13巻　第2号　1977年2月号、57～61頁

2　琵琶湖総合開発事業と環境権訴訟
- 環境科学研究報告集　B246-R40-2
- 昭和59年度文部省「環境科学」特別研究　環境の理念と保全手法（第3分冊の4）環境政策の総合的評価　地方事例報告「琵琶湖の環境」の内『総合開発事業をめぐる政治過程』16～21頁より

第5章　古都景観を守る運動
1　伏見南浜マンション建設差し止め申請事件
- 人間環境問題研究会『住民環境権訴訟の体系的研究（2）』117～131頁、「住民環境権訴訟とアメニテイ」より　1984年3月

2　西大津バイパス事件
- 人間環境問題研究会『住民環境権訴訟の体系的研究（2）』同上

3　大見スポーツ公園建設反対運動（著者による翻訳下記の著作の英語論文より）
- "Green Movement in Japan" Mathias Finger (ed.) Green Movement Worldwide, JAI Press, 1992, CT, USA.

6　大文字山ゴルフ場建設反対運動(著者による翻訳、下記の著作の英語論文より)
　　　・"Green Movement in Japan" Mathias Finger (ed.) Green Movement Worldwide, JAI Press, 1992, CT, USA.
7　第二外環状道路を作らせないために
　　　・使い捨て時代を考える会編『果林』'91季節－秋号　46号　1991年9月号
付節　ポン・デザール勝利の意義　木村万平
　　　・『鴨川の景観は守られた』終章「勝利」より、かもがわ出版、1999年

第8章　熱帯雨林とNGO
　　　・人間環境問題研究会(編集)『環境施策における住民参加・NGO活動に関する法学および行政学的研究(3)』29～42頁(1998年3月環境庁企画調整局委託研究)

第9章　地球環境の保護とNGO
　　　・『国際問題』1996年12月　第441号

第10章　オランダの環境保護運動
　　　・『東京国際大学論叢　国際関係学部編』第3号、1997年9月

人名索引

【ア行】
浅岡美恵 …………………………… 114
アルネ・ネス ……………………… 123
梅原猛 ……………………………… 76
折田泰宏 ……………… 92, 112, 187

【カ行】
香川晴男 …………………………… 73
木村万平 …… iv, 76, 83, 88, 91, 93, 187

【サ行】
沢井清 ……………………… 81, 82, 83
柴田京子 ………………… 89-91, 99, 101
スートン教授 ……………… 120, 122

【タ行】
ダグラス判事 ……………… 120, 122
田中正造 ……………………………… 6
田中真澄 ………………… 75, 87, 88, 90
辻田啓志 ………… 7, 23, 59, 60-62, 187
植田劭 ………………… 107-112, 197

【ナ行】
中村紀一 …………………… 26, 187
中嶌哲演 …………………… v, 41, 187
西山卯三 …………………… 67, 68
西山とき子 ……………………… 92

【ハ行】
ブルーノ・マンサー ………… 142, 150

事項索引

【ア行】
IUCN(国際自然保護連合) …… 145-157, 171, 182
足尾鉱毒事件 ………………………… 6
アースファースト ………………… 122
アマゾン ………… 131, 132, 145, 146, 157
アマミノクロウサギ ……… 119-122, 126
(株)安全農産供給センター … 107, 108
イタイイタイ病 …… 10, 11, 16, 25, 181
入浜権全国センター ……………… 13
NGO(非政府組織) … iii, 114, 132, 136, 140-142, 145, 148, 150, 151, 155-159, 169, 178, 189
園城寺(三井寺) ………………… 69, 71
大見公園建設反対同盟 …………… 72
大阪国際空港事件 ……………… 17, 181
大見スポーツ公園建設 … 72, 73, 74, 188
尾瀬ヶ原 …………………………… 181

【カ行】
桂駅周辺整備計画反対委員会 ……… 46
鴨川ダム ……………… 74-76, 83, 88, 100
環境影響評価(環境アセスメント)
   ……………… 20, 21, 28, 29,
   38, 41-43, 45-51, 73, 173
環境市民 ………… 41, 112-117, 184, 187
関西リサイクル運動 ……………… 13
キノホルム …………………… 16, 17
京都駅ビル ……………… 76, 78-80, 94
京都市市街地景観条例 …………… 67
京都ホテル ……… 76-78, 80, 88, 94
京都水と緑をまもる連絡会
   …………………… 76, 86, 87, 94
グリーン大見立木トラスト協会 …… 74
グリーンピース …… 147, 148, 151-153,
   156, 159, 165, 168,
   169, 170, 173-176
クロロキン ………………………… 16

原子力発電所設置反対小浜市民の会…v, 33-41
原子力発電所設置反対若狭湾共闘会議
　………………………33, 40, 41
公害健康被害の補償等に関する法律
　………………………………11

【サ行】
サラワク……………………132-140,
　　　　　　　　　142, 143, 149, 150
サラワク・キャンペーン…………134,
　　　　　　　　　136-139
サリドマイド…………………………16
三里塚芝山連合空港反対同盟…12, 15
シェラクラブ……………120, 144, 145
昭和電工(株)………………………10
スモン病……………………………16, 17

【タ行】
WWF(世界自然保護基金)………144,
　　　　　146-148, 151, 154-157,
　　　　　165, 168, 169, 174, 176
第二外環状道路 ……………83-87
大文字山ゴルフ場……………81-83, 94,
　　　　　　　　　96, 100, 189
大文字山ゴルフ場建設に反対する会
　………………………………82
チッソ株式会社 ……………………10
使い捨て時代を考える会……7, 10, 12
ディープ・エコロジー…122, 123, 127

【ナ行】
新潟水俣病…………………………10, 11
西大津バイパス…………68, 70, 71, 188
日光太郎杉事件……………………71
日本自然保護協会…………………12

【ハ行】
反原発運動……162, 164, 166, 172, 176

反成田空港闘争 ……………………7
琵琶湖環境権訴訟…………7, 112, 121
　――団………56, 58, 59, 61, 181, 187
琵琶湖総合開発事業………52, 61, 188
琵琶湖総合開発特別措置法…53, 56, 57
伏見桃山コープ対策協議会…………63
婦人民主クラブ ………………13, 23
ポンデザール …v, 87-100, 103-106, 187

【マ行】
三井金属工業(株)………………10, 16
水俣病 ………………………10, 11, 16, 25
三島沼津の石油化学コンビナート計画
　………………………………25
ミネラルキング渓谷 ……………120, 123
ムツゴロウ……………………………120
森永乳業ドライミルク砒素中毒事件
　………………………………11

【ヤ行】
薬害 ……………………iii, 16, 17, 20
四日市公害訴訟……………………16
四日市ぜんそく……………………10

【ラ行】
洛西ニュータウン(建設)……44-47, 49
歴史的環境…………………64, 66, 67

■執筆者紹介■
長谷　敏夫（はせ　としお）
　　1971年、国際基督教大学教養学部卒業
　　1973年、同大学院行政学研究科修士課程卒業
　　現在、東京国際大学国際関係学部教授（環境政策）
【主要出版物】
　　"Consuming Cities" Routledge, London, 2000.（共著）
　　『国際環境論』時潮社、2000年

日本の環境保護運動
2002年10月10日　初版　第1刷発行　　　　　　　　　　　〔検印省略〕

＊定価はカバーに表示してあります

著者 Ⓒ 長谷　敏夫／発行者　下田　勝司　　　　印刷・製本　中央精版印刷
東京都文京区向丘1-20-6　　振替00110-6-37828
〒113-0023　TEL（03）3818-5521　FAX（03）3818-5514
　　　　E-Mail　tk203444@fsinet.or.jp

発行所
株式会社 東信堂

Published by TOSHINDO PUBLISHING CO., LTD.
1-20-6, Mukougaoka, Bunkyo-ku, Tokyo, 113-0023, Japan
ISBN4-88713-458-4　C3036　￥2500E　Ⓒ Toshio Hase

― 東信堂 ―

責任という原理――科学技術文明のための倫理学の試み	H・ヨナス／加藤尚武監訳	四八〇〇円
主観性の復権――心身問題から「責任という原理」へ	H・ヨナス／宇佐美・滝口訳	二〇〇〇円
哲学・世紀末における回顧と展望	H・ヨナス／尾形敬次訳	八二六〇円
バイオエシックス入門〔第三版〕	今井道夫・香川知晶編	二三八一円
思想史のなかのエルンスト・マッハ――科学と哲学のあいだ	今井道夫	三八〇〇円
今問い直す 脳死と臓器移植〔第二版〕	澤田愛子	二〇〇〇円
キリスト教からみた生命と死の医療倫理	浜口吉隆	二三八一円
空間と身体――新しい哲学への出発	桑子敏雄	二五〇〇円
環境と国土の価値構造	桑子敏雄編	三五〇〇円
洞察＝想像力――知の解放とポストモダンの教育	D・スローン／市村尚久監訳	三八〇〇円
ダンテ研究Ⅰ Vita Nuova 構造と引用	浦 一章	七五七三円
ルネサンスの知の饗宴〔ルネサンス叢書1〕	佐藤三夫編	四四六六円
ヒューマニスト・ペトラルカ〔ルネサンス叢書2〕――ヒューマニズムとプラトン主義	佐藤三夫	四八〇〇円
東西ルネサンスの邂逅〔ルネサンス叢書3〕――南蛮と紅毛氏の歴史的世界を求めて	根占献一	三六〇〇円
原因・原理・一者について〔ジョルダーノ・ブルーノ著作集3巻〕	加藤守通訳	三三〇〇円
情念の哲学	伊藤勝彦・坂井昭宏編	三三〇〇円
愛の思想史〔新版〕	伊藤勝彦	二〇〇〇円
荒野にサフランの花ひらく（続・愛の思想史）	伊藤勝彦	二三〇〇円
知ることと生きること――現代哲学のプロムナード	岡田雅勝	二〇〇〇円
教養の復権	本間謙二編	二五〇〇円
イタリア・ルネサンス事典	沼田裕之・安西和博・増渕幸男・加藤守通／H・R・ヘイル編／中森義宗監訳	続刊

〒113-0023　東京都文京区向丘1-20-6　☎03(3818)5521　FAX 03(3818)5514　振替 00110-6-37828

※税別価格で表示してあります。

―― 東信堂 ――

大学の自己変革とオートノミー ―点検から創造へ	寺﨑昌男	二五〇〇円
大学教育の創造 ―歴史・システム・カリキュラム	寺﨑昌男	二五〇〇円
立教大学〈全カリ〉のすべて ―リベラル・アーツの再構築	全カリの記録編集委員会編	二一〇〇円
大学の授業	宇佐美寛	二五〇〇円
作文の論理 ―〈わかる文章〉の仕組み	宇佐美寛編著	一九〇〇円
大学院教育の研究	潮木守一監訳	五六〇〇円
高等教育システム ―大学組織の比較社会学	バートン・R・クラーク 有本章訳	四四六〇円
大学史をつくる ―沿革史編纂必携	寺﨑・別府・中野編	五〇〇〇円
大学の誕生と変貌 ―ヨーロッパ大学史断章	横尾壮英	三三〇〇円
新版・大学評価とはなにか ―自己点検・評価と基準認定	喜多村和之	一九四二円
大学評価の理論と実際 ―自己点検・評価ハンドブック	H・R・ケルズ 喜多村・舘・坂本訳	三三〇〇円
大学院教育と大学創造	細井・林・千賀・佐藤編	二五〇〇円
大学力を創る:FDハンドブック	大学セミナー・ハウス編	二三八一円
私立大学の財務と進学者	丸山文裕	三五〇〇円
短大ファーストステージ論	舘昭高島正夫編	二〇〇〇円
短大からコミュニティ・カレッジへ	舘昭編	二五〇〇円
夜間大学院 ―社会人の自己再構築	新堀通也編著	三二〇〇円
現代アメリカ高等教育論	喜多村和之	三六八九円
アメリカの女性大学:危機の構造	坂本辰朗	二四〇〇円
アメリカ大学史とジェンダー	坂本辰朗	五四〇〇円
高齢者教育論	松井政明山野井敦徳山本都久編	三二〇〇円

〒113-0023 東京都文京区向丘1-20-6 ☎03(3818)5521 FAX 03(3818)5514／振替 00110-6-37828

※税別価格で表示してあります。

━━━ 東信堂 ━━━

【現代社会学叢書】

書名	副題	著者	価格
開発と地域変動	—開発と内発的発展の相克—	北島滋	三二〇〇円
新潟水俣病問題	—加害と被害の社会学—	飯島伸子・舩橋晴俊編	三八〇〇円
在日華僑のアイデンティティの変容	—華僑の多元的共生—	過放	四四〇〇円
健康保険と医師会	—社会保険創始期における医師と医療—	北原龍二	三八〇〇円
事例分析への挑戦	—個人・現象への事例媒介的アプローチの試み—	水野節夫	四六〇〇円
海外帰国子女のアイデンティティ	—生活経験と通文化的人間形成—	南保輔	三八〇〇円
有賀喜左衛門研究	—社会学の思想・理論・方法—	北川隆吉編	三六〇〇円
現代大都市社会論	—分極化する都市？—	園部雅久	三二〇〇円
インナーシティのコミュニティ形成	—神戸市真野住民のまちづくり—	今野裕昭	五四〇〇円
ブラジル日系新宗教の展開	—異文化布教の課題と実践—	渡辺雅子	八二〇〇円
イスラエルの政治文化とシチズンシップ		奥山真知	三八〇〇円
正統性の喪失	—アメリカの街頭犯罪と社会制度の衰退—	G・ラフリー／宝月誠監訳	三六〇〇円
福祉国家の社会学[シリーズ政策研究1]	—21世紀における可能性を探る—	三重野卓編	二〇〇〇円
戦後日本の地域社会変動と地域社会類型	—都道府県・市町村を単位とする統計分析を通して—	小内透	七九六一円
新潟水俣病問題の受容と克服		堀田恭子著	四八〇〇円
ホームレス ウーマン	—知ってますか、わたしたちのこと—	E・リーボウ／吉川徹・薗里香訳	三三〇〇円
タリーズ コーナー	—黒人下層階級のエスノグラフィ—	E・リーボウ／吉川徹監訳	二三〇〇円

〒113-0023 東京都文京区向丘1—20—6　☎03(3818)5521　FAX 03(3818)5514／振替 00110-6-37828

※税別価格で表示してあります。

──────── 東信堂 ────────

【横浜市立大学叢書〈シーガル・ブックス〉開かれた大学は市民と共に】

ことばから観た文化の歴史 ——アングロ・サクソン到来からノルマンの征服まで　宮崎忠克　一五〇〇円

独仏対立の歴史的起源 ——スダンへの道　松井道昭　一五〇〇円

ハイテク覇権の攻防 ——日米技術紛争　黒川修司　一五〇〇円

ポーツマスから消された男 ——朝河貫一の日露戦争論　矢吹晋著・編訳　一五〇〇円

グローバル・ガバナンスの世紀 ——国際政治経済学からの接近　毛利勝彦　一五〇〇円

青の系譜 ——古事記から宮澤賢治まで　今西浩子　続刊

《社会人・学生のための親しみやすい入門書》

国際法から世界を見る ——市民のための国際法入門　松井芳郎著　二八〇〇円

国際人権法入門　T・バーゲンソル　小寺初世子訳　二八〇〇円

地球のうえの女性 ——男女平等のススメ　小寺初世子　一九〇〇円

軍縮問題入門　黒沢満編　二三〇〇円

入門 比較政治学　H.J.ウィアルダ　大木啓介訳　二九〇〇円

クリティーク国際関係学 ——民主化の世界的潮流を解読する　関下秀樹・中川涼司編　二三〇〇円

時代を動かす政治のことば　読売新聞政治部編　一八〇〇円

福祉政策の理論と実際〈現代社会学研究〔入門シリーズ〕〉——尾崎行雄から小泉純一郎まで　三重野卓編　平岡公一編　三〇〇〇円

バイオエシックス入門【第三版】〈福祉社会学研究入門〉　今井道夫・香川知晶編　二三八一円

知ることと生きること ——現代哲学のプロムナード　岡田雅昭・本間謙二編　二〇〇〇円

〒113-0023　東京都文京区向丘1-20-6　☎03(3818)5521　FAX 03(3818)5514／振替 00110-6-37828

※税別価格で表示してあります。